Rupert Riedl

# Zufall, Chaos, Sinn

Rupert Riedl

# *Zufall, Chaos, Sinn*

## Nachdenken über Gott und die Welt

Kreuz

Das Buch ist dem Starken Geschlecht meiner Familie gewidmet:
Smoky, Barbara, Sabina, Isabella und Esther

# Inhalt

# Vorwort

Betrifft uns das gegenwärtige Wissen vom Werden dieser Welt? Kann man daraus angeben, ob uns Menschen jemand wollte, oder wir der Evolution passiert sind; ob wir ein Produkt des Zufalls sind, oder ob wir entstehen mussten, einen Zweck in der Welt haben oder keinen; ob wir vielleicht sogar ein Ziel haben, eines, das vorgegeben war, das sich nur ergab oder das wir uns selbst setzen müssen? Wozu sind Bewusstsein und Sprache, Verstand, Vernunft und Gesellschaft entstanden, Philosophie und Wissenschaft? Ist auf sie Verlass, und wenn, wie weit wäre ihnen zu trauen? Was legitimiert wen, über Tier und Mensch zu urteilen, wen, und worin, Recht zu sprechen?

Das sind, vorerst recht summarisch, Fragen, die unsere jungen Geister, Hochschüler verschiedener Fakultäten, beschäftigen. Manche gingen schon aus Anliegen hervor, die mir nach meinen Vorlesungen über Evolutions- und Erkenntnistheorie präsentiert wurden. Was aber würde im Ganzen gefragt werden? Das begann nun auch mich zu interessieren.

Als frisch gebackener Emeritus, befreit von den »Spanischen Stiefeln« des Universitätskomments, habe ich das untersucht. Ich bot Vorlesungen an mit dem Titel: »Über Gott und die Welt (die Paradigmen der Wissenschaften)«. Man darf über alles reden. Aber nicht ich wählte die Themen, sondern jede Studentin und jeder Student hatte ein, zwei Dutzend der ihnen wichtigsten Fragen niederzuschreiben. Und ich versprach, sie zu kondensieren, zu ordnen und nach heutigem Stand zu beantworten.

Was, nach drei solchen Kollegs, bei gut einer Hundertschaft von Themen, im Kern herauskam, hätte man früher eine »Philosophische Anthropologie« genannt: ein Themenbereich, den Universitäten heute kaum anbieten, und der bestätigt, dass unsere Bildungsstätten, vielfach zu Ausbildungsstätten reduziert, Fragen, die uns die nächste Generation vordringlich stellen wollte, gar nicht hören und schon gar nicht beantworten.

Was mir den roten Faden für die Reihung der Antworten gab, ist freilich auch ein Paradigma, nämlich Kosmos, Leben,

Denken und Kultur als Aufbauprodukte der Evolution in Anpassung an deren Bedingungen zu sehen. Mit dem Ziel, eine Ahnung davon zu gewinnen, wohin das alles nach jenen Gesetzen treiben mag; und wenn, was wir daraus für uns erfahren könnten.

Damit ist es keine »Philosophische Anthropologie« mehr, sondern läuft auf »Ein evolutionäres Weltbild« zu; auf einen Kreislauf, ein Flechtwerk von Zusammenhängen, was die beigefügte Grafik illustriert. – Und weil es gerade das enthält, was vielen ambitiösen Wiener Studenten am Herzen liegt, mag das auch anderen nahe liegen.

Rupert Riedl — Wien und Altenberg, September 1999

*P.S.: Kann man alles wissen? Natürlich kann man das nicht; im Grunde ist das mein Thema. Aber man kann versammeln, was gewusst werden kann. Einige der Fragengruppen gehören in meine eigene Forschung, die anderen in Forschungsgebiete meiner Freunde, die mir durch Jahrzehnte mit Geduld und Weisheit an die Hand gegangen sind. Ihnen danke ich dieses Abenteuer, den Versuch eines Blicks in die ganze Welt; so unvollkommen und persönlich solch eine Sicht auch immer sein mag.*

STRUKTUR DER ZUSAMMENHÄNGE

# Teil 1 Metaphysik und Religio

*Bescheidenheit mag Teil guter Erziehung sein; oder doch, die Dinge bescheiden zu beginnen.* SOKRATES' *Einsicht: »Ich weiß, dass ich nichts weiß«, kommt in Erinnerung, ist aber sogleich zu relativieren. Denn was soll das heißen? Unsere Bibliotheken strotzen doch vor gar nicht mehr überblickbarem Wissen.*
*Von solcherart Wissen ist aber nicht die Rede; nicht einmal davon, ob es verlässlich ist. Die Grundlagen unseres Wissens sind gefragt. Wenn wir, wie es unsere aufgeweckten Kinder tun, hinter jede erbetene Aufklärung eine nächste Frage stellen, finden wir uns bald, und in jeder Richtung, in einem Zirkel und mit »unserem Latein« am Ende. Überall wartet Unbeantwortbares. So gehört die Einsicht, dass wir letzten Endes nirgends festen Boden, erste Ursachen oder letzte Gründe finden können weiterhin zur guten Erziehung des Denkens.*

## Hat die Welt einen Sinn?

Ob diese Welt wohl einen Sinn hat? »Natürlich«, sagt der Paläontologe *Teilhard de Chardin*, »die Evolution läuft auf den Menschen zu, und mit ihm, wie in jeder Kultur, auf Gott.« »Keineswegs«, sagt der Biochemiker *Jacques Monod*, »nachdem die Evolution vom Zufall gesteuert ist, also vom Gegenteil von Plan und Absicht, mögen wir begreifen, dass selbst wir in der Welt keinen Sinn haben.«

Ist *Teilhard* lediglich von seinem Glauben als Jesuit geleitet und *Monod* von der Ideologie eines linken Existenzialismus? Kann denn am Beginn unserer Reflexionen ohne Glaubenssätze kein Standpunkt gefunden werden; oder könnte man nicht besser auf solche verzichten, auf alles Philosophieren, und sich an Fakten halten? Aber was wiederum sind die Grundlagen, die uns zu den so genannten Fakten kommen lassen?

Freilich kann man alle Dinge vernebeln oder das Fragen überhaupt sein lassen. Ich finde es amüsanter, Farbe zu bekennen und die Welt so bunt zu nehmen, wie sie ist.

Was immer wir fragen, fragt ins Unbekannte; beim wissenschaftlichen Fragen soll das zudem methodisch geregelt sein. Und naturgemäß gelangen wir überall an ein Ende, an die Grenze des uns eben noch Erforschlichen. Warum fragen wir dann weiter ins vielleicht Unerforschliche? Einmal, weil wir nicht wissen, wo das ewig Unerforschliche beginnen wird, ein andermal, weil eine denkende Kreatur gar nicht anders kann.

Hat dem Menschen das Hellwerden seines Bewusstseins diesen Streich gespielt? Offenbar. An unserem Leben beobachten wir einen Strom von Absichten und Zwecken; welcher Absicht entspräche dann das Werden neuer Kreaturen und welchem Zweck unser Tod?

Wenn die Fragestellung, welcher Wissenschaft auch immer, ihren Rahmen zureichend weitet, kehrt sie dorthin zurück, wo sie begonnen hat: in die Philosophie. Das übersetzt sich als die »Liebe zur Weisheit«. Darin sind wir ihr verbunden; auch als der Mutter aller Wissenschaften: geschichtlich von der Astronomie bis zur Soziologie. Sobald aber ihre Kinder zu empirischer Erfahrung gelangten, hat sie diese als so genannte »Einzelwissenschaften« aus ihrer spekulativen, logischen oder intuitionistischen Welt entlassen; diese trugen selbst zu ihrer Befreiung bei und wurden zu ebenso emanzipierten wie emanzipiert-undankbaren Kindern der Philosophie.

Philosophie behauptet, sich selbst zu hinterfragen. Das ist ihr Pathos. Wir tun das hier konkreter und verlässlicher selbst. Das erscheint paradox, hängt aber mit einem allgemeinen Rückgang des Interesses an philosophischen Fragen zusammen und mit einem Überwiegen der Erfahrung und unseres Vertrauens in sie. In meinem Kontext interessieren die Geschichte der Philosophie, ihre Spaltungen und Widersprüche und ihre besondere Leistung, offene Fragen zu ordnen. Denn heute entstehen Weltbilder aus den Wissenschaften selbst und lehnen sich der Philosophie erst an ihren Rändern an.

## Woher kommt und wobei hilft Metaphysik?

Metaphysik war zunächst eine werktechnische Bezeichnung für jene Schriften des *Aristoteles*, die man »hinter die Physik« reihte, und wurde zur Bezeichnung jener philosophischen Disziplin, die nach den uns grundlegend erscheinenden Dingen »jenseits« des uns physisch Zugänglichen fragt: nach Sein und Nichts, Werden und Vergehen, Wesen und Wirklichkeit, Wahrheit und Wert, Natur, Seele, Geist und Gott (was ja eine ganze Menge ist). Heute wird unter Metaphysik ihre jüngere, »induktive« Form verstanden, welche durch Zusammenschau der Ergebnisse aller Wissenschaften ein Weltbild zu entwerfen sucht. Aber auch dieses führt notwendigerweise zu Annahmen, die jenseits des Erfahrbaren, oder doch Erfahrenen, liegen. Und um diese geht es.

Fachlich teilt sich das Gebiet in die Bereiche Ontologie und Religio. Ontologie, als »Seinswissenschaft« ein Fremdwort für manche Naturwissenschaftler, fasst die Fragen zusammen, was an Struktur, Plan, Zufall oder Sinn dieser Welt wohl zu Grunde läge, und lenkt zu ebenso wunderlichen wie unvermeidlichen Annahmen.

Solcherart unbelegte (unbelegbare) Annahmen sogleich vor all unsere Fragen an die Welt zu stellen, mag befremden. Tatsächlich kann unser reflektierendes Bewusstsein solcherart Annahmen jedoch nur verdunkeln oder aber hinnehmen. Und zwar gleichgültig, ob von einzelgängerischen Grübeleien, längst etablierten Religionen oder selbst von gewohnten wissenschaftlichen Paradigmen, also Grundannahmen, ausgegangen wird.

Und zwar deshalb, weil jede, auch die profundeste Theorie sich selbst nicht zu begründen vermag, vielmehr letztlich auch wieder auf Voraussetzungen fußt, die sich aus der Erfahrung nicht ergeben können.

Wir beginnen gewiss auf unsicherem Terrain; und zwar schon in den Wissenschaften. Wenn unser Schiff umgebaut werden muss, so hat es auf hoher See zu geschehen. Das bedeutet aber nicht, dass wir uns in dieser Welt ratlos fänden; vielmehr, und auch dies ist eine Annahme, dass wir uns innerhalb eines dichten, widerspruchsfreien Netzes von der Erfahrung regelmäßig bestätigter Theorien ganz passabel orientieren. Nicht nur finden wir jeden Tag wieder nach Hause; wir setzen sogar einen Mann auf den Mond und vermögen, ihn den Seinen gesund zurückzubringen.

Dennoch verlangt schon ein erstes Paradigma, das der Physik, anzunehmen, dass z.B. Raum, Zeit und Energie aus dem Nichts entstanden; und die Paradigmen der Biologie, Psychologie und der Kulturwissenschaften verlangen, dass Leben, Bewusstsein und Ethos aus Zuständen entstanden, in welchen Leben, Bewusstsein oder Moral auch in Spuren nicht zu finden sind. Das hat mit dem Problem der Emergenz zu tun, dem wir noch begegnen werden.

Freilich muss jede Forschung ins Unbekannte fragen. Die Erwartung aber, welche die Frage enthält, bietet durchaus keine Gewähr. Metaphysische Fragen sind als Antrieb unentbehrlich, aber was sie erwarten lassen, bietet keinerlei Sicherheit.

## Welchen Platz hat die Religion in der Kultur?

Was hingegen Religion wäre, jenes »religare«, das »Anbinden« oder »Festmachen«, hier an den Hafen eines Glaubens, meint man zu wissen; wohl weil unser säkularer Alltag immerhin mehr von Kirchen und Klöstern, den Zeichen religiöser Bedürfnisse des Menschen, umgeben ist als von den abstrakt ontologischen. Vielleicht auch, weil unser theoretisches Interesse an den Hintergründen dieser Welt weniger empfunden wird als unsere praktische Unsicherheit; nämlich gegenüber den Fragen nach der Herkunft und Begründung von Moral und Gerechtigkeit und nach dem Sinn des Lebens. Hier geht es um die Suche nach einem Schöpfer, seinen Absichten und Zwecken, und führt, nochmals Schicksal des Menschen, wieder ins Unerforschliche.

Im Unterschied zur Ontologie wird die Einsehbarkeit des Unerforschlichen nicht als ergrübelbar, sondern als geoffenbart erlebt; und damit ergeben sich ebenso Festlegungen wie ein Verkehr mit dem Unerforschlichen; sei es, dass Gebote empfangen, Bitten erhört, in Grenzen mit Gott sogar verhandelt werden kann.

Die Funktionen der Gebote liegen für jede Kultur auf der Hand. Gebote, noch dazu solche aus dem Jenseits unserer Tage, bieten ein eindeutiges und einendes, kaum zu hinterfragendes Prinzip nicht nur der Vorschriften, sondern auch der Orientierung, der Möglichkeit des Verstehens und Verstandenwerdens. Und es ist offensichtlich, dass sich weite Gebiete einer Kultur jeweils derselben Religion anschließen, und dass das Heer der Gläubigen die Anzahl der Glaubensspalter und Revolutionäre überwiegt.

So ist auch die Zahl der Glaubensgründer, wie die der Weltreligionen, gegenüber den Vorstellungswelten der Naturvölker klein. Woher das wohl kommt? Ich meine, dass ein denkender Mensch irgendwelcher Glaubenssätze nicht entbehren, sie allein aber nicht differenzieren kann; sie sind stets das Produkt langer und reicher Kulturentwicklung. Die Privatreligionen sind dagegen dürftig und bieten, weil ohne Zuspruch aus den »kollektiven Gewissheiten« einer Kultur, wie paradox kollektive Gewissheiten auch in Wahrheit sind, wenig Vertrauen. Und man vergesse nicht, wie außerordentlich viel einer Kultur, man denke nur an Islam und Christentum, schon in Sprache und Literatur, in allen Künsten und Philosophien, sogar in der Herkunft ihrer Wissenschaften von ihrer Religio geprägt ist.

Selbst wenn manche unserer großen Geister sich von allen Einzelheiten der Religion ihrer Kultur freimachten, bliebe doch noch ein *»deus lex mundi«*, »Gott als die Gesetze der Welt« erhalten, und das Rätselraten um deren Zwecke mit ihrer Kultur verbunden.

## Verlieren wir das Interesse am Unerforschlichen?

Es scheint, dass unsere Zeit viel an Interesse am Unerforschlichen verliert. Wahrscheinlich in dem Maße, wie Gedankenlosigkeit und so genannte materialistische Selbstverständlichkeiten Verbreitung finden. Auch der Zerfall der Wissenschaft in Sub- und Subsubdisziplinen mag das gefördert haben, weil »Sub-Sub-Wissenschaftler« die Funktion und das Ethos des Wissenschafts-Zusammenhangs gar nicht mehr sehen können oder wollen.

Das gilt zum Teil auch für das religiöse Erleben, in der Folge der Trennung von Staat und Kirche, weiter der bürgerlichen Rechte auf Religionsfreiheit und zuletzt des Glaubens als Privatsache. Aber es gilt nur zum Teil, da in dem Umfang, in dem die großen Religionen, namentlich das Christentum, an Gläubigen verloren haben, die erstaunlichsten Sekten und wissenschafstverbrämten Ersatzreligionen entstanden sind. Vieles hängt nochmals mit dem Boom der Naturwissenschaften zusammen, mit Fragen, die speziell gestellt worden sind. Daher komme ich auf diese später zurück.

Natürlich altern auch große Religionen; das Christentum besonders im Verhältnis zum sich wandelnden naturwissenschaftlichen Weltbild. Die Auseinandersetzungen, die folgten, sind als die »kopernikanischen Wenden« bekannt, da der Mensch zunächst die Mitte des Kosmos verlassen musste, dann ins Tierreich gestellt wurde und sich zuletzt auch der Geist nicht nur als eingehaucht erweisen muss; lauter »Narzisstische Kränkungen«.

So bleibt die große Symbolik, welche die christliche Lehre enthält, zwar unverändert, wird aber immer strenger zum reinen Symbol. Mit der Taufe beispielsweise ein Bündel Verantwortung zu übernehmen, um es mit der »letzten Ölung« dem Schöpfer wieder abzugeben, steht in keinem Verhältnis zu den ungeheuren Plagen tausender Generationen der Menschwerdung, um aus verantwortungslosem Getier allmählich verantwortungsvolle Menschen zu machen.

Ist also das Interesse am Unerforschlichen verloren gegangen? In einer Weise ja. Aber das Interesse am mutmaßlich Erforschlichen hat zugenommen; und wenn das so sein sollte, ist der Unterschied ein gradueller.

## Wie wäre ein Weltenschöpfer zu denken?

### Existiert Gott?

Hinsichtlich einer ersten Frage: »Existiert Gott?«, schlage ich vor, vom Begriff des Existierenden auszugehen. Man folge mir zu einem Patienten mit einer ins Gehirn eingepflanzten Elektrode. Wird über diese ein schwacher Strom appliziert, berichtet er von Schmetterlingen, die durch den Operationssaal flattern. Mit dem Abschalten des Stromes verschwinden sie, mit dem Einschalten sind sie wieder da. Nun frage ich: Existieren diese Schmetterlinge? Gewiss! Es muss in diesem Gehirn, so auch in den unseren, einen materiellen Zusammenhang geben, der stellvertretend für die Erinnerung an Schmetterlinge steht. Freilich ist das erst eine gedankliche Realität, wie eine Partitur für ein Konzert steht; dennoch ist es ein physisches Äquivalent.

Aber der alte Witz: »Gäbe es Gott nicht, müsste man ihn erfinden«, ist gar nicht so witzig, denn es scheint, dass es kein Ethnos unter Menschen gibt, das nicht einen Weltenschöpfer erdachte oder geoffenbart bekam. Ist Gott also ein Bedürfnis der Seele, und wenn es so wäre, ist Bedürfnis eine Realität? Bedürfnisse kommen und vergehen. Wenn es aber ein unvergängliches Bedürfnis aller menschlichen Kreatur wäre, ist sein Inhalt dann nicht doch Realität?

Man nehme die greifbarsten, animalischeren Bedürfnisse. Sind Hunger und Geschlechtstrieb eine Realität? Gewiss! Beide gehen auf höchst materiell organisierte Zustände unserer Physis zurück, die – weil von arterhaltender Bedeutung – uns fest eingebaut sein müssen.

Mit den seelischen Bedürfnissen wollen wir's uns aber nicht zu leicht machen. Hier bleibt noch einiges zu erarbeiten. Ich halte das metaphysische Bedürfnis des reflektierenden Menschen notwendigerweise sowohl für die Folge des hell werdenden Bewusstseins als auch für das Dilemma des Menschen. Um aber dies zu klären, werden vorerst noch Fragen zum Bewusstsein zu beantworten sein.

## Warum wurden Götter von Dämonen zu Beschützern?

Weltenschöpfer sind vielfach als reißende Ungeheuer erdacht worden, um sich erst allmählich zu liebenden Vätern zu wandeln. Und ein gar nicht schlechter Witz sagt, dass der Mensch erst dann seine Gottähnlichkeit entdeckte. Gewiss, so mag des Menschen seltsames Selbstwertgefühl auch entstanden sein.

Tatsächlich beginnt auch die Theogonie unserer eigenen Kulturgeschichte mit den Urpotenzen der griechischen Mythologie, gefolgt von der grausigen Uranos-Entmannung.

Da Uranos Gaia, die breitbrüstige Erde, fortgesetzt schwängert, die Titanen und Hekatonchairen (fünfzigköpfige, hundertarmige Riesen), die sie gebiert, aber nicht alle ans Licht kommen lassen will, fühlt sich Gaia bedrängt und ermutigt Chronos, den tapfersten unter den Titanen, das kopulierende Paar mit der geschärften Sichel zu trennen. Es trennen sich Himmel und Erde. Aus den Blutstropfen von Uranos' Penis entstehen die Erynnien, die Schicksalsgöttinnen, aus dem Samen, wie man weiß, Aphrodite.

Aber auch Chronos, der später fortgesetzt seine Schwester Rhea beschläft, frisst all ihre Geburten, bis Rhea ihm an Stelle des Nächstgeborenen einen in Windeln gewickelten Felsen reicht, den er ebenso verschlingt. Damit bleibt Zeus erhalten: der Vater der Götter. Hekatonchairen und Titanen werden in den Hades vertrieben, als Gefangene wie, pfiffigerweise, als deren Wärter.

Gewiss muss sich der frühe Mensch unerklärlichen Unbillen ausgeliefert gefühlt haben: Krankheiten, Blitzschlägen, Raubtierhorden, Fluten und Felsstürzen. Und er muss auf den Gedanken gekommen sein, das Schicksal zu personifizieren und mit ihm über Opfergaben zu verhandeln. Er mag darum, mit Konsolidierung seiner Lebensumstände in den frühen Staaten, zum Eindruck von Verhandlungserfolgen gelangt sein. Und es kann mit dieser Entwicklung die Hoffnung entstanden sein, auch den Göttern Güte zudenken zu können oder die Bereitschaft, die Offenbarung solcherart Götter wahrzunehmen.

Aber noch ein Zweites bleibt zu bedenken. Wir werden beim Thema »Gesellschaft« finden, dass, wenn es das Gute geben sollte, dieses eher im Menschen als in seinen Institutionen zu finden ist.

Die Grausamkeiten der Kirche sind daher hier noch kein Thema.

## Warum ist Gott männlich und ein Weißer?

Manchmal fragt man sich, warum Gott männlich ist und ein Weißer. Ersteres ist schwerer zu beantworten; denn offenbar sind fast alle handelnden Weltenschöpfer männlichen Geschlechts. Ich will mit der ersten Frage beginnen; zunächst mit der Rückfrage: warum denn von Frauen keine großen philosophischen oder religiösen Systeme erhalten sind?

Lässt man die geistigen Weltenwandler in Gedanken vorbeiziehen, so finden sich zwischen *Platon*, *Aristoteles, Thomas* und *Spinoza, Descartes, Hume, Kant* oder *Hegel*, wie ebenso zwischen *Moses, Buddha*, *Jesus* und *Mohammed* tatsächlich keine Frauen. Landläufig beantwortet man diese Frage mit der Ansicht, dass die patriarchalischen Gesellschaften Frauen weder die Bildung noch die Muße gaben, sich ein Leben lang der Philosophie zu verschreiben. Und doch kann es so einfach nicht sein. Denn spirituellen Dingen haben sich Frauen immer verschrieben. Warum also keine Religionsgründerinnen?

Nun berichtet die Geschichte von außerordentlichen Frauen, die sich auch ihre Freiheiten zu sichern wussten. Eben fallen mir *Aspasia* ein, *Hildegard von Bingen*, aus der Neuzeit *Lou Andreas Salome*, *Alma Mahler-Werfel, Simone de Beauvoir, Hanna Ahrendt*, und die Reihe ist gewiss verlängerbar, wenn auch gelegentlich ein Männername beizufügen ist, um sie in Erinnerung zu bringen. Über die bemerkenswertesten Dinge haben sich die Damen geäußert. Philosophische oder religiöse Großsysteme aber hinterließen sie nicht.

Ich halte dafür, dass Frauen einen anderen Bezug zu jenen Dingen haben, die man als die eternalen bezeichnen müsste; zum Wesen der Dinge, dem Zweck der Menschheit, dem Sinn des Lebens, der Begründung des Kosmos, und was in unserem Bewusstsein sonst noch an Fragen nistet. Es ist ja Schicksal, Last und Segen des weiblichen Geschlechts, der ewigen Erneuerung des Lebens, selbst eine Art Eternalität, physisch und daher auch psychisch ungleich näher zu sein als das männliche. Und das seit dem Hellwerden des Bewusstseins, wie noch zu besprechen sein wird, seit 40 oder 60 Jahrtausenden, auch mit wachester Wahrnehmung.

Die Beziehung zum Eternalen muss bei Männern anders angelegt sein. Sie haben zur Lebenserneuerung wenig physischen Zugang, und psychisch ist er dünn. Sie mögen über Jahrtausende nicht einmal geahnt haben, mit Schwangerschaften in Beziehung zu stehen. So kommt es, dass man selbst den Begriff der »Vatersprache« nicht zu bilden brauchte. Sogar der Spracherwerb ist mutter-gesteuert geblieben. Wer also über Eternales grübelte, musste sich seinen Sinn darin in viel größerem Maße selbst zusammenreimen, widerspruchsfreie Systeme ersinnen, um »Gott und die Welt« mit sich selbst in Harmonie zu bringen. Übrigens scheinen gerade bedeutendste Philosophen und Religionsgründer jenen Anschluss an die physische Welt verpasst zu haben, der Vorbedingung jeder physischen Reproduktion ist.

Frauen eternalisieren sich gewissermaßen selbst, Männer über »Taten«, und sei es die Tat des *Herostratos*, der sich zu verewigen wünschte, indem er an den Artemistempel von Ephesus Feuer legte.

Vielleicht wird man nun mitvollziehen, warum die Religionsgründer männlichen Geschlechts waren und folgerichtig die Weltenschöpfer männlich. Und bekanntlich sind die höheren Formen der Verkündung der Glaubenssätze immer noch Männern vorbehalten. Zudem steht Musliminnen bestenfalls eine Art abgetrennter Käfig in den Moscheen zur Verfügung; und auch in unserer Kirche galt (oder gilt noch?) *mulier tacet in ecclesia*, »das Weib schweige in der Kirche«. Warum es dann Frauen sind, die unsere langsam leer werdenden Kirchen immer noch am meisten besuchen, ist eine andere Frage.

Das alles wird vor der Zeit der großen Religionen durchaus anders gewesen sein. Die Verbreitung der Fruchtbarkeitsfiguren von Spanien bis in den Ural mag darauf hindeuten. Aber das ist Vorgeschichte. Es hat wenig Wirkung hinterlassen.

Die zweite Frage, warum unsere Götter Weiße sind, da, wie es in der vollen Fragestellung heißt, der Mensch doch in Schwarzafrika entstand, ist leicht zu beantworten. Die Götter haben die Hautfarbe ihrer Gläubigen. Und schon von *Xenophanes*, einem Vorsokratiker des 5. und 6. Jahrhunderts, der in Kleinasien und Süditalien lehrte, ist eine bedenkenswerte Ansicht erhalten: »Wenn die Ochsen Hände hätten, um Figuren zu formen, würden ihre Götter Hörner tragen.«

## Warum lässt Gott Katastrophen zu?

Eine weitere Eigenschaft der Schöpfung besteht darin, dass Gott Katastrophen zulässt. Man wird sich an das Buch Hiob, einen Teil des Alten Testaments, erinnern, wo um die Frage gerungen wird, wie die Leiden der Gerechten zu rechtfertigen wären. Soweit ich weiß, ist keine der großen Religionen um das Konzept einer Prüfung des Menschen herumgekommen. Im Hintergrund steht natürlich das Postulat eines freien Willens und damit der Verantwortlichkeit der menschlichen Kreatur – wenn es auch ein Problem der Exegese bleibt, wie denn die Zulassung sinnlosen Leidens mit den Absichten eines liebenden Weltenplaners vereinbar wäre.

Ich glaube, man muss diese Konzeption symbolisch für die Prüfbarkeit freier, ethisch vertretbarer Entscheidungen des Menschen nehmen, um welche ja auch keine Zivilisation herumkommt. Auch wenn man es evolutionär auffassen will, tritt die Ambivalenz alles Entstandenen in Erscheinung. Mein Lehrer *Bertalanffy* hat uns schon darauf aufmerksam gemacht, dass erst mit der Vielzelligkeit der Tod in die Welt gekommen ist, mit dem Nervensystem der Schmerz, mit dem Bewusstsein die Angst, und – wie wir hinzufügen können – mit dem Besitz die Sorge. Die Evolution hätte uns Sorge, Angst, Schmerz und Tod ersparen können, wäre es ihr nicht auf stete Erneuerung und auf die Schaffung von Lust, Hoffnung und Sicherheit angekommen.

## Ist ein wissenschaftlicher Gottesbeweis möglich?

Abschließend kann man sich fragen, ob ein wissenschaftlicher Gottesbeweis denkbar wäre. Die Antwort erscheint zunächst sehr einfach: Nein! Freilich ist auch die Widerlegung nicht möglich. Ich will aber nicht verhehlen, dass bedeutende Philosophen, ausgesprochen oder nicht, in ihren Systemen immer wieder so etwas wie einen Gottesbeweis anzielten. Das ist auch verständlich, wenn man bedenkt, dass man in jedem Versuch, einen Gesamtzusammenhang zu fassen, an die Grenzen seiner kognitiven Möglichkeiten gerät, die andeuten, dass es jenseits derselben noch allerlei geben müsse.

Ich will selbst solch eine Grenze vorführen, teils mit einem Vorgriff auf das Thema »Ordnung« im nächsten Kapitel »Kosmologie«: Man denke sich zehn Millionen Ziegel. In einem Ziegellager sind sie mit wenigen Auflagen zu ordnen: »schlichte Blöcke von 100 mal 100 Ziegeln zu 50 Ziegelschichten, die Blöcke mit 3 Ziegellängen Abstand, die Längen alle nach Norden gerichtet«. Das ist billige Ordnung, wenig konstruktiver Aufwand, hohe Redundanz. Also ein und dasselbe Prinzip wiederholt sich, wie bei Pflasterungen oder Tapeten.

Dieselben Ziegel zu einem Backsteindom zu schichten, macht ungleich mehr Aufwand. Die Bauhütte ist bereits voll der Pläne. Wieder wird die Ordnung vollkommen, sie erscheint uns von höherem Wert – vielleicht im Zusammenhang mit dem größeren Aufwand. Die Redundanz hat stark abgenommen, ist aber immer noch vorhanden. Kennt man die linke Hälfte des Doms, sieht man die rechte voraus. Kennt man ein Fenster, werden weitere gleich gebaut sein, usf.

Wenn nun der Ordnungswert mit der Redundanz abnimmt, dann müsste wohl redundanzlose Ordnung den höchsten Wert besitzen. Wie aber käme eine solche zu Stande? Man müsste jeden Ziegel so legen, dass von keinem auf die Lage eines anderen eine Voraussicht möglich wäre. Der konstruktive Aufwand wäre enorm. Jedem Ziegel müssten alle Raumkoordinaten einzeln zugeschrieben werden. Das Produkt aber, kennt man die Bibliothek nicht, in der alle jene Raumkoordinaten festgeschrieben sind, könnte man von Chaos nicht unterscheiden.

Das ist merkwürdig, nicht nur der Ordnungswert verschwindet, die ganze Vorstellung von Ordnung löst sich auf. Wir benötigen zum Erkennen von Ordnung Redundanz. Fänden wir den allem Anschein nach chaotischen Haufen ein zweites Mal mit identischen Lagestrukturen, wären wir überrascht, würden aber durch beide sogleich eine dahinter liegende Gesetzlichkeit oder Anordnung erkennen. Einmalige Ordnung, so groß ihr konstruktiver Aufwand auch sein mag, erkennen wir nicht. Ist Gott eine einmalige, sich nicht wiederholende Ordnung?

Freilich nehme man das nicht als Gottesbeweis, wie andere Grenzen unserer Einsicht auch nicht. Aber als Hinweis darauf, dass hinter dem uns Erkennbaren noch viel an Gesetzlichkeit liegen muss, kann das gelten. Im Zusammenhang von Urknall und Entropiesatz werden wir dem Thema nochmals begegnen.

## Bedeutet das etwas für uns?

### Ist ewiges Leben denkbar?

Die Kirche stellt ein ewiges Leben in Aussicht. Gibt es dafür einen fachwissenschaftlichen Hinweis? Meine, wohl für viele unbefriedigende Antwort lautet: »in einem bestimmten Sinne gewiss«. Im Ganzen ist das aber eine Frage, die wir als sehr gewichtig empfinden, weil sie tief in unsere Vermutungen hinsichtlich des Sinns unserer Existenz und des Diesseits eingreift. Es ist also sorgsam vorzugehen. Da aber die Frage nun einmal gestellt ist, werde ich, wie versprochen, nicht kneifen. Nur unterschiebe man mir nicht blasphemische Absichten, wenn ich so ehrlich, wie das möglich sein kann, aus meiner Position eines »Kritischen Empiristen« antworte, das Thema als ein biologisches, psychisches und seelisches betrachte.

Biologisch ist, wie *Goethe* sagte, alles Vergängliche nur ein Gleichnis. Wir Individuen sind das vergängliche Gleichnis eines vergleichsweise eternalen Prinzips. Was unsere Voreltern die Welt erkennen und deuten ließ, lebt in uns und unseren Nachkommen eindeutig weiter; und wenn man Jahrmillionen schon eine Art Ewigkeit zubilligen will, dann hat die Weltsicht der Gattung *Homo* ein fast schon ewiges Leben. Wir sprechen darüber hinaus noch dazu unbedenklich vom »Raubaffen im Menschen«, sogar vom »Reptiliengehirn«, dessen Reste sich in der Tiefe unserer Hirnschale befinden.

Nun kann man einwenden, dass es nicht so sehr um die Physis und auch nicht um die in ihr erblich verankerte Anlage ginge, sich in der Welt zurechtzufinden, als vielmehr um – was nun? – das Bewusstsein? Psyche und Seele?

Vom Bewusstsein scheint beim »Verlassen der Welt« nur kurzfristig und wenig zu bleiben. Den vielen Berichten über die Erinnerung von Scheintoten ist nichts wirklich Berichtenswertes zu entnehmen.

Setzte man dies mit der Seele fort, wird deren Kulturgeschichte aufschlussreich. Sehr gerafft ergibt sich folgendes Bild: Mit dem Hellwerden des reflektierenden Bewusstseins, der Wiege der Wissenschaft unserer Kultur, entdeckte man Widersprüche zwischen Vernunft und Erfahrung. *Parmenides* und die Pythagoreer, das ist Süditalien im 6. und 5. Jahrhundert, vertrauten der Vernunft. Um dem unsteten Wandel irdischer Dinge ein Maß zu geben, postulierten sie ein unveränderliches Weltenprinzip: das Ewige, Gute und Schöne der Weltseele, Psyche, später *anima*; eine metaphysische Substanz. Bei *Platon* findet sich diese in der Lehre von den Ideen wieder, an welcher der Mensch teilhabe. Könnte die Seele des Menschen, so fragte *Kleanthes* (um 300 v.Chr.), nicht an jenem Ewigen in dem Maße teilhaben, als sich seine Seele als schön und gut erwiese? Das bedarf eines Weltenrichters; und *Paulus*, zur Zeitenwende, wusste, wer das sein muss. Über die Apologeten, die Verteidiger der Glaubenssätze gegen die heidnischen Philosophen, und die Kirchenväter wurde die Seele fester Bestandteil der christlichen Lehre. – Philosophiegeschichtlich wird der Dualismus von Leib und Seele zementiert und zu einem Element des Rationalismus.

Allgemein versteht man heute unter Seele Bewusstseinsregungen des Menschen, übertragen: »die Seele des Gedankens«, kollektiv: »die Seele der Gruppe«, als »ein Herz und eine Seele«. Und gewiss bleibt von solcher Seele viel erhalten, auch von der des Individuums. Nämlich das, was wert scheint, erhalten zu bleiben; gar nicht so fern dem Guten und Schönen; wiewohl, je nach Wirken und Wirkung, von Generation zu Generation verblassend, letztlich wohl auch ohne Namen. (Was freilich auch Unholde einschließt, wie die Erinnerung an den schon erwähnten *Herostratos.*)

Nach all dieser »weichen« »Ganimed'schen« Darstellung sei freilich die »Prometheische« nicht unterschlagen: die Empörung, die einen erfasst, geliebte Menschen verscharren, einen unwiederbringlichen Geist, mit all seiner leidvoll errungenen Weisheit, dem Fraß von Gewürm übergeben zu müssen. Mit dem Tod ist nichts anzufangen. Die Begründung mit notwendiger Erneuerung ist eher dünn; sachbiologisch vielleicht so richtig wie unbefriedigend für unser Gemüt.

Es zählt wohl zur folgenreichsten Pfuscherei der Evolution, nichts vorgesehen zu haben, Bewusstsein ebenso wie das Genom, weiterreichen zu können. Aber als das Bewusstsein entstand, irgendwo im Stamm der Säugetiere, war kein Grund, jene noch sehr bescheidene Kontrollinstanz zu konservieren. Säße das Bewusstsein nicht im Soma, der Tod wäre nicht dramatischer als das Schneiden der Fingernägel.

## Vertragen sich Bibel und Naturwissenschaften?

Gegenüber dem letzten Thema ist es verblüffend, wie groß die Übereinstimmung zwischen Bibel und moderner Kosmogenese sein kann. Ich habe mich näher mit dem 1. Buch Mose, der Genesis, befasst und war erstaunt zu finden, dass die Schöpfungstage Gottes, bedenkt man die Terminologie und die Sprache der Zeit, in der das geschrieben wurde, unserer heutigen Vorstellung von der Abfolge evolutiver Prozesse durchaus entsprechen.

»Es war finster über den Tiefen, und nur der Geist Gottes

schwebte über den Wassern« – im frühen Kosmos noch keine Fotonen. »Dann sprach Gott ›es werde Licht‹« – Strahlungszeitalter. »Da machte Gott die Feste … und nannte die Festen Himmel« – Entstehung der Himmelskörper. »Dann trennte Gott das Trockene und die Sammlung der Wasser« – Entstehung von Kontinenten und Meer. »Nun lasse die Erde aufgehen Gras und Kraut« – Werden der Vegetation. »Am fünften Tag rege sich das Wasser mit webendem Getier« – Tiere des Meeres; und erst am sechsten belebte sich das Land mit Vieh und Gewürm … »und lasset uns den Menschen machen« – Landtier- und Menschwerdung.

Es ist staunenswert, wie die Seher der alttestamentarischen Zeit die Abfolge richtig erdachten; oder doch geoffenbart bekamen? Und es bleibt weiterhin zu bedenken, wie sehr diese frühe Vorstellung bis in unser heutiges Weltbild hineingewirkt haben mag.

## Lassen sich Kreationismus und Evolutionismus verbinden?

In der Fortsetzung dieses Themas halte ich es für eine Bildungsfrage, Kreationismus und Evolutionismus zusammenfügen zu können. Eine so simpel erscheinende Lösung mag enttäuschen. Es wird sich aber zeigen, dass sie so simpel nicht ist.

Wie sollte der bemühte Landpfarrer, ungeübt, vergleichend in Paradigmen zu denken, die tiefe Symbolik etwa der leiblichen Himmelfahrt Mariens seiner nicht minder ungeübten Gemeinde nahe bringen? In einer kleinen Kirche im Salzburgerland erlebte ich vor Jahren die Predigt am Himmelfahrtstag. Der Prediger, voll des Wunsches, so etwas wie einen Realitätsbeleg zu produzieren, erklärte, dass die leibliche Himmelfahrt schon deshalb stattgefunden haben müsse, weil man sie ansonsten ja nicht feierte. Ich glaube, er hat seine Gemeinde überzeugt.

Nicht anders ist es aber mit dem in der Sache auch wenig gebildeten naturwissenschaftlichen Fußvolk. Viele von ihnen haben wohl nicht einmal bemerkt, dass sie gar kein wissenschaftliches Weltbild bilden können, ohne zu metaphysischen Fragen Stellung zu nehmen. Manche wissen nicht einmal, was das ist. Wer sein spezialisiertes Wissenschaftshandwerk erlernt hat, kann in völliger Gedanken-, aber auch Verantwortungslosigkeit Lebenserfolg haben.

## Ist Gott neu bestimmbar und was bedeuten Naturgesetze im Kreationismus?

Die Fragen nach einer neuen Bestimmbarkeit Gottes und der Beziehung zwischen Kreationismus und Naturgesetz sind zwar getrennt zu stellen, denn sie haben verschiedene Perspektiven. Sie sind aber so symmetrisch, dass ich sie einander gegenüberstelle. Und doch bleibt ein ungeklärter Rest.

Ich will bekennen, dass die schönsten Stunden meiner Volksschulzeit die Religionsstunden waren. *Pater Meinrad*, Karmeliter, allein schon bewundernswert seiner Sandalen wegen, der braunen Kutte mit Kapuze und weißem Seil um die Mitte. Und was waren doch die Schaffung der Erde, des Paradieses, der Eva, die Sintflut für bedenkenswerte und überzeugende Geschichten. Als im Gymnasium der Religionsunterricht dünn wurde und die Naturgesetze, unreflektiert produziert, in mich einsickerten, dachte ich mir, dass Gott diese eben alle vorgesehen hat. Und natürlich erfuhr ich erst später, dass sich meine Lösung: *»deus lex mundi«* schon viel Gescheitere ausgedacht hatten. Ich glaube, dass auch *Goethe* dem Gedanken nah war. Und erst noch später bemerkte ich, dass solcherart Sicht einigen Tiefgang hat. Ich will im Rahmen der kommenden Fragen zur Kosmogonie darauf zurückkommen.

Welchen Rang können nun, umgekehrt, die Naturgesetze für den Kreationisten einnehmen? Ich habe das freilich noch nicht bei so vielen Kreationisten nachgefragt, um das verlässlich beantworten zu können. Aber soweit ich verstanden habe, sind diesen die Naturgesetze erst recht gottgemacht. Wir sind uns darin sehr nahe. Schließlich muss alles, was in diesem Kosmos entstand, jedenfalls als Möglichkeit in seinem Entstehen vorgesehen gewesen sein.

Dennoch bleibt ein Rest offen. Er hat auch mit Gesetzen zu tun, aber nicht mehr mit jenen der Entropie oder Gravitation, an die man denken würde. Es sind Gesetze vom anderen Ende, sagen wir: der Kommunikation mit der Welt. In einem Gespräch mit *Kardinal Franz König* gab ich Folgendes zu bedenken: »Nehmen Sie sich, Eminenz, die ungeheure Zahl von Galaxienhaufen in diesem Kosmos vor Augen, die immer weitere, unvorstellbare Anhäufung von Galaxien, noch mehr deren Sterne und Planeten, dann soll ich mir die Erwartung erlauben, dass der Schöpfer dieses Kosmos ein Ohr haben soll für Tagesbeschwerden meiner Kreatur?« »Das hängt davon ab«, antwortete der Kardinal, »wie man sich diesen Schöpfer denkt.« So muss es wohl sein.

## Was könnten die Konsequenzen sein ?

### Spielt der Mensch selbst schon Gott?

Ich habe mich zu Anfang des Kapitels darüber lustig gemacht, dass der Mensch seine Gottähnlichkeit entdeckte. Hier also empfiehlt sich noch zweierlei. Einmal ein weiterer Rückblick in unsere Kulturgeschichte, ein andermal einer in des Menschen Selbstwertgefühl.

Wie man weiß, haben sich schon Pharaonen als gottähnliche Wesen verehren lassen, und das war nicht nur auf Ägypten beschränkt. Man nimmt an, dass dieser Rang schon deshalb erforderlich war, um der Machtausübung eine Legitimation zu geben. Eine Haltung, die sich in den Feudalstaaten bis in die Neuzeit gehalten hat; in Königen oder Kaisern »von Gottes Gnaden«. In den Demokratien, so meint man, habe sich diese Legitimation der Rechtssetzung auf den Souverän, »das Volk«, säkularisiert. Woher aber nimmt das Volk seine Legitimation? Vielfach doch noch »so Gott ihm helfe«. Es ist eine Frage der Ideologien geworden.

Gegenüber dieser jahrtausendealten »re-ligio«, jener Rückbindung an höhere Orte, hat das Selbstwertgefühl vielfach ohne Rückbindung zugenommen. Es steht zwar außer Frage, dass wir Menschen, um uns zu erhalten, in diese Welt eingreifen müssen. Aber der Umfang, in dem das zunehmend geschieht, ist es wert, besehen zu sein. Eines ist es, den Bach zu dämmen oder Gülle aufs Feld zu schaffen, ein anderes, in die Kerne der Atome und der Zellen einzugreifen. Wir kommen darauf zurück.

*Also: Sollten wir Geschöpfe Gottes sein, was ja so schlecht nicht wäre, sind wir jedenfalls wunderlich genug. Und das Erste, das sich schon hier empfiehlt, ist, aufs Staunen nicht zu verzichten und nicht*

*auf Bescheidenheit; was auch nur Elemente der Bildung sind. Dieser Welt auf den Grund zu gehen, sind wir offenbar nicht gemacht; der Hintergrund bleibt dunkel. Dennoch ist Gott aus dem Menschen herausgekommen. Hat also Teilhard Recht?*
*Wer soll das wissen? Es kann des Menschen Ratlosigkeit sein, die ihn Götter erfühlen ließ, um mit dem Schicksal zu verhandeln. Aber auch diese Ratlosigkeit muss ihre Herkunft haben. Ist auch sie gottgemacht, damit wir Gott finden? Und sollte das so sein, ist es gut, dass wir auch das nicht wissen; dass wir, bescheiden, in einer Schwebe bleiben, zwischen einer Welt, deren Hintergrund wir nicht erfassen, und einem Schöpfer, den wir nicht begründen können.*

# Teil 2 Kosmologie

*Wenn wir wissen, wie alles begonnen hat, wüssten wir dann nicht auch über uns und die Welt Bescheid? Physiker sagen uns, dass dieser Kosmos mindestens fünfzehn Jahrmilliarden alt sein muss, und dass sie seine Entfaltung, mit Ausnahme seiner ersten Sekunde, zu rekonstruieren vermögen. Nur ein Trillionstel der Zeit seiner Geschichte kennt man also nicht. Sollte das nicht genügen?*
*Es genügt nicht. Ähnlich wie Achilles, wenn er der Schnecke immer nur der Hälfte ihres Vorsprungs nachstürmt, sie nie erreichen kann, werden wir zwar über den Weg dieses Kosmos viel erfahren, aber der Rest, der, so klein er ist, doch allen Ursprung enthält, wird unerreichbar für uns bleiben.*

## Wie denkt man sich die Entstehung?

»Am Anfang war die Erde wüst und leer, und nur der Geist Gottes schwebte über den Wassern.« So hatte ich es als Schuljunge in Erinnerung, und es machte mir großen Eindruck. Später machte mir Eindruck, dass die Kosmologien fast aller Völker die Welt aus dem Chaos entstanden denken; was darunter wohl alles zu verstehen wäre. Und heute macht es mir Eindruck, dass das physikalisch gar nicht möglich ist.

Eine der Grundbedingungen, welchen bisher alles Materielle folgte, ist im 2. Hauptsatz der Thermodynamik verankert, im so genannten Entropiesatz. Er besagt, in gebotener Kürze gesagt, dass Ordnung nur durch Abfuhr von Unordnung entstehen kann. Selbst Leben frisst Ordnung und ebenso die ganze Biosphäre, indem sie die hereinströmenden Quanten aufzehrt und, namentlich in nächtlicher Abstrahlung, Wärme in die Weltraumkälte entlässt, mit der nichts mehr zu gewinnen ist.

Wenn man unter Chaos eine völlige Mischung aller Elemente in einheitlicher Temperatur verstehen will, dann kann aus ihm nichts mehr werden. Wenn der Kosmos aus Chaos entstanden sein soll, wie man es sich in den alten Kosmogonien dachte, dann müssen wir uns Chaos anders denken: als große Symmetrie und Ordnung, allerdings praktisch ohne irgendwelche Substrukturen. Und es ist wohl die in uns angelegte Vorstellung von Ordnung, die wir ohne strukturelle Differenzierung nicht denken wollen.

Und tatsächlich werden wir sinnlich nur durch sich wiederholende Muster von Strukturen zur Wahrnehmung von Ordnung geführt. Von Redundanz war schon die Rede, und ich komme darauf bei der Frage zurück, wie das entsteht, was wir Erfahrung nennen.

# Über zwei Grundfragen

## Gibt es außerhalb der Organismen Evolution?

Das Konzept der Evolution stammt aus der Biologie. Wenn man aber darunter einen Prozess versteht, in dem fortgesetzt Differenzierung und komplexere Ordnung von Materie entstehen kann, dann ist durchaus von einer Evolution des Kosmos zu reden. Und zwar Materie als Träger von Energie ebenso wie von Information.

An eine solche Evolution physikalischer Bedingungen lässt sich eine chemische und eine biologische Evolution anschließen sowie eine der Sozietäten und Kulturen. Dabei enthält jede vorausgehende Entwicklung die Voraussetzungen für jede folgende; im Sinn einer notwendigen, nicht aber einer zureichenden Bedingung. Das klingt technisch, ist aber einfach. Keine der nachfolgenden Entwicklungen wäre ohne die vorauslaufenden möglich geworden, dennoch genügen dieselben nicht für die Erklärung, weil in jeder neuen Ebene auch qualitativ Neues entsteht.

Am leichtesten ist diese Zweiseitigkeit einzusehen, wenn man bedenkt, dass Leben nicht ohne eine Evolution komplexer Substanzen entstehen konnte; dass Reizbarkeit, Wahrnehmung oder Bewusstsein, auch in Spuren, in chemischen Verbindungen nicht enthalten sind.

Der Nutzen eines Überblicks über Evolutionsprozesse ist ein zweifacher. Einmal ist die Frage interessant, ob es für sie alle gemeinsame Gesetzlichkeiten gibt. Tatsächlich gibt es sie. Und zwar eben deshalb, weil alle Gesetze tieferer Schichten durch die höheren hindurchreichen. Ein andermal bietet eine solche Obertheorie eine gute Kontrolle der Subtheorien, aus welchen sie sich zusammensetzt.

## Woher stammt die Ordnung im Kosmos

Also nochmals zurück zur Entstehung. Wenn es richtig ist, dass alle Ordnung in diesem Kosmos durch Abfuhr von Unordnung entstehen musste, dann folgt daraus dreierlei. Erstens muss diese Ordnung am Anfang am größten gewesen sein. Man denkt sich das nach der Urknalltheorie, von der gleich die Rede sein wird, so, dass schon das gerichtete Auseinanderrasen der Energie die Ordnung für alles Ordnungswerden enthalten haben muss.

Zweitens muss es einen Ort geben, wohin die Unordnung abgeführt werden kann. Degradierteste Ordnung ist Wärme. Und man hat guten Grund zur Annahme, dass diese in die Kälte des Weltraums, sobald es ihn gibt, abgeführt wird.

Die dritte Konsequenz ist die interessanteste. Ordnungswerden ist eine lokale Erscheinung in »offenen Systemen«. Das sind solche, die, von Materie und Energie durchflossen, Ordnung aufbauen und degradierte Ordnung abführen können. Unter diesen Bedingungen können in ihnen höhere Ordnungsgrade aufgebaut und erhalten werden, als sie selbst eingeführt haben; unter der Voraussetzung, dass sie eine größere Menge an Unordnung abführen. Das muss für das Entstehen der Galaxienhaufen, Sterne und Planeten ebenso gelten wie für die Biosphäre, die Menschheit und deren Artefakte.

In geschlossenen Systemen muss alles zum Stillstand kommen. In isolierter Kammer kann eine Dampfmaschine nur so lange laufen, bis es im Raum schon so heiß wurde wie im Kessel.

# Also: Wie ist was entstanden?

## Hat die Theorie vom Urknall einen Sinn?

In einem ungeheuren Knall soll die Welt entstanden sein. Haben da Theorien einen Sinn? Wenn wir die Frage so umgangssprachlich nehmen, wie sie ja oft gestellt wird, so ergibt sich gleich Gelegenheit, nach dem Sinn von Theorien zu fragen.

Später werde ich zeigen, dass Leben Erwartungen gegenüber seiner Umwelt voraussetzt, daher ohne Prognosen nicht existieren kann; freilich, möglichst richtige Prognosen. Das sind solche, die durch die Erfahrung regelmäßig bestätigt werden. Denn richtige Prognosen schaffen Lebenserfolg. Darin liegt ihr Sinn. Und aus dieser Perspektive erklärt sich auch die Entstehung der Wissenschaften, welche solcherart Prognostik, nun in einer methodischeren Weise, an die Alltagserfahrung anschließt. Prognosen dieser Art nennen wir Theorien.

Nun kann man ja wohl weiterfragen, worin sich unser Lebenserfolg erhöhte, wenn wir annehmen, dass dieser Kosmos durch einen riesigen Knall entstanden ist. So gefragt, begegnen wir einer zweiten Eigenschaft von Theorien. Sie müssen nicht nur regelmäßig durch die Erfahrung bestätigt werden, sie müssen einander auch wechselseitig bestätigen und dürften keine Lücken lassen.

Das bedeutet weiterhin, dass Theorien weitere Theorien zur Folge haben beziehungsweise von umfassenderen Theorien umgriffen werden. Auf solche Weise reichen sie stets an den Rand der uns erfahrbaren Welt, und selbst über diesen hinaus in Gebiete, von welchen wir nichts wissen können. Das muss die seltsame Art unseres Denkens hinnehmen. Und das ist auch der Grund dafür, dass ich die Plauderei über »Gott und die Welt« mit einer Reflexion über Metaphysik begonnen habe.

## Was legt die Theorie vom Urknall nahe?

Was nun die Theorie selbst betrifft, so mögen wir etwas Physik rekapitulieren, kommen aber bald zu dem Problem selbst. Man wird sich des Phänomens der Rotverschiebung und der Theorie von der »Nebelflucht« erinnern. Für den Fachmann sind die kosmische Hintergrundstrahlung und der Prozentsatz von Wasserstoff und Helium im Kosmos weitere Belege. Aber bleiben wir bei der anschaulicheren Rotverschiebung.

Was an Beobachtung vorliegt, hat mit dem Spektrum des Sternenlichts zu tun. Im Inneren der Sonnen werden Wasserstoff- zu Heliumkernen verschmolzen; das liefert die Energie. An der Oberfläche wird abgestrahlt, und die Spektrallinien der Elemente haben sehr scharf begrenzte Wellenlängen.

Nun zeigt sich, dass die Wasserstoff-Spektrallinie schrittweise in den längerwelligen Bereich verschoben erscheint, je weiter die Sterne einer Galaxie von der Erde entfernt sind. Das fordert eine Erklärung heraus und nächstliegend die Annahme: Der Kosmos dehnt sich aus; seine Strukturen rasen auseinander.

Um das in jene dreidimensionale Welt zu vereinfachen, für welche unsere Vorstellung reicht, bieten sich zwei Vergleiche an, die freilich beide hinken: der Doppler- und der Ballonefekt.

Den Dopplereffekt kennt man von der Landstraße. Das Hupen eines vorbeisausenden Autos klingt beim Näherkommen höher, bei Entfernung tiefer, denn die Schallwellen treffen einmal scheinbar verkürzt, einmal gedehnt ein. Analog also die scheinbare Dehnung der von uns weglaufenden Lichtquelle.

Was nun, da es sich zeigt, dass die Galaxien umso schneller von uns wegrasen, je weiter sie entfernt sind; befinden wir uns dann doch im Mittelpunkt des Kosmos? Keineswegs! Man soll sich, sagten mir einschlägige Freunde, die Expansion so vorstellen wie die Zunahme der Entfernung zwischen Punkten auf der Hülle eines Ballons, während dieser aufgeblasen wird. Das illustriert drei Umstände: warum sämtliche Punkte voneinander wegstreben, warum das bei den entferntesten am deutlichsten ist, und warum es auf dieser Oberfläche keine Mitte gibt. Wollte man jedoch wissen, was sich nun innerhalb des Ballons befände, so erweist sich die Frage ohne Sinn, weil sich dort eben nichts befindet; ausgenommen sein Ursprung.

Und ebenso befinden wir uns auch an den Grenzen des Vergleichs wie an jenen unseres Vorstellungsvermögens. Das soll das Interesse an unserem Erkenntnisvermögen wach machen. Denn es zeigt sich, dass wir hier nicht den Konsequenzen unserer Vorstellung, sondern jenen der Messungen vertrauen müssen.

## Sind die Naturgesetze der Welt vorgegeben?

Zu den schönsten Fragen, die man sich zum Entstehen der Welt stellen kann, gehört natürlich jene nach der Herkunft der Naturgesetze. Alle antiken Weltbilder waren in dieser Hinsicht statisch und, wie noch zu zeigen sein wird, deterministisch. Die Philosophie des Christentums hat das fortgesetzt. Selbst das Weltbild der Physik hatte bis in die Neuzeit deterministische Züge, und bis in die Gegenwart gibt es noch die Vorstellung eternaler, also ewig gültiger Naturgesetze.

Die Biowissenschaften waren davon wenig berührt. *Aristoteles* war der Ansicht, dass es die Steine noch nicht zu Pflanzen, diese noch nicht so recht zu Tieren gebracht hatten, und Tiere noch nicht zu Menschen. Auch das 1. Buch *Mose*, wie erinnerlich, nennt einen entsprechenden Ablauf. Und seit der Abstammungslehre werden alle Gesetzlichkeiten des Lebendigen als schrittweise entstanden gedacht.

Heute schwenken auch Physiker um, und zwar zurück bis in die Entstehung der vier grundlegenden physikalischen Wechselwirkungen. Bald nach dem Urknall sollen sich die Kernkräfte, die elektromagnetischen und die schwachen Wechselwirkungen auseinander entwickelt haben, und wohl noch davor, so wird erwartet, Gravitation; aber, und das ist auch hier die neue, dynamische Perspektive, nicht notwendigerweise, sondern nach den Zufallskonstellationen der Entwicklung des frühesten Kosmos. Auch die physikalische Welt hätte also ganz anders werden können.

Das ist für den Zusammenschluss unserer Weltbilder entscheidend, denn physikalische und biologische Gesetzlichkeiten unterscheiden sich dann nicht mehr wie nach zufälligen oder eternalen Gesetzen, sondern nur mehr nach deren Alter. Ein Graben zwischen den organismischen und den anorganischen Wissenschaften wird zugeschüttet.

## Ist die Entstehung der Welt vorbestimmt?

Physiker sind erfinderisch, auch auf dem Gebiet lehrreicher Gespenster. Für das deterministische Weltbild »einsam reisender Teilchen« hat man sich einen *Laplace*'schen Geist ausgedacht, dem zugetraut wird, dass er die Bewegung aller Quanten im Kosmos kennt. Man errechnet, dass es deren etwa $10^{80}$ gibt; also ziemlich viele (eine Zahl vor 79 Nullen). Kennt der Geist deren determinierte Bewegung, so kann er alle Ereignisse in diesem Kosmos voraussehen. Er wüsste, dass und wann unsere Galaxie, diese Erde und der Mensch entstehen, dieses Buch geschrieben werden wird, dass eben jetzt die Augen des Lesers über diese Zeile gleiten und der nächste Satz mit einem A beginnen wird.

Aber diese Welt ist nicht ganz deterministisch. *Heisenbergs* Unschärferelation beschreibt, dass Quanten Freiheiten haben. Einer meiner Freunde, Theoretischer Physiker, sagte, sie verhielten sich wie jener Dackel, dem zugerufen wird: »Kommst du jetzt her oder nicht!« So kämen auch die Quanten her, oder eben nicht. Das nehmen wir als den echten, physikalischen Zufall.

Ließe man nun jenen guten Geist *Heisenberg* lesen, und er akzeptierte dessen Einsicht, so müsste er für jeden Augenblick seit der Entstehung des Kosmos, runde 12 Jahrmilliarden, das macht $10^{30}$ Picosekunden, für $10^{80}$ Quanten jeweils zwei Möglichkeiten berechnen: Sie begegnen einander, oder sie begegnen einander nicht. Und in jedem der $10^{110}$ Fälle entwickelte sich der Kosmos etwas anders. Versteht man etwas von statistischer Mechanik, so ergeben sich bereits $10^{10^{80}}$ Fälle. Und jüngst erfahren wir, dass sich auch die Möglichkeit von $10^{10^{123}}$ alternativen Kosmen berechnen ließe.

Das macht gewiss eine große Rechnung. Aber, nehmen wir an, der *Laplace*'sche Geist schafft auch das. Und selbst dann, wenn er nur $10^{110}$ verschiedene Welten voraussehen könnte, würden wir, bei so unvorstellbar großer Zahl, für unsere Begriffe nicht mehr erfahren, als dass so gut wie alles möglich sei.

Würfelt Gott also? *Einstein* konnte sich an diese Vorstellung nicht gewöhnen. Aber offenbar würfelt ER. ER hält sich aber auch an die erwürfelten Gesetze.

Die Paradoxie einer determinierten Welt zeigt schon die Unmöglichkeit, etwas untersuchen oder prüfen zu können. Wollte ich auch nur das Weiterwirken der Gravitation prüfen, indem ich meinen Bleistift fallen lasse, so experimentierte ich ja nicht, sondern diese Handlung wäre für hier und jetzt in den Büchern des Kosmos schon festgeschrieben. Dasselbe gälte für unsere Begegnungen und Entschlüsse. Eine deterministische Welt wäre eine Unmöglichkeit.

Wir werden sogar noch erfahren, dass es der echte, physikalische Zufall ist, auf den kein schöpferischer Vorgang, kein Evolutionsprozess verzichten kann.

## Was legt die Strukturen im Kosmos fest?

Nun hat sich ja, trotz allem Indeterminismus, eine weitgehend vorhersehbare, ja kalkulierbare Weltenstruktur entwickelt; und es ist legitim, zu fragen, wie das nun zu denken sei.

Was mit dem Urknall, in annähernder Lichtgeschwindigkeit, auseinander rast, darf man sich nicht als Materie vorstellen, eher als eine Ballung höchster Energie. Im frühen Universum, so sagt man uns, waren zu wenig Platz und zu großer Druck, als dass Elektronen frei auftreten konnten. Sie waren sozusagen zusammen mit Protonen und Neutrinos zu Neutronen zusammengepresst – wie das heute noch in den Neutronensternen der Fall ist.

Erst als durch die Expansion des Universums genügend Platz entstand, zerfielen die Neutronen (freie Neutronen sind instabil), und die Elektronen wurden frei. Von da an waren die Elektronen in einem heißen Plasma von Protonen, Neutronen, Heliumkernen und elektromagnetischer Strahlung. Und jede versuchte Struktur, jedes Atom, wurde durch elektromagnetische Strahlung sofort wieder zerlegt.

Nochmals später, als sich das Universum weiter ausgedehnt und abgekühlt hatte, sodass die Energie Atome nicht wieder aufspalten konnte, hatten Atome Bestand. Das ist ein entscheidender Phasenübergang zum Entstehen geordneter Strukturen. Und diese Ordnung genügt wieder dem Entropiesatz, weil »Unordnung« in Menge und in Form von Strahlung in den entstandenen Raum abgegeben wird.

Man vergesse dabei nicht, dass sich diese Entwicklung den Raum erst selber macht. Ohne Inhalt hätte es keinen Sinn, von Raum zu sprechen. Es gab ihn nicht! Außerhalb desselben gab es, wenn es überhaupt Sinn haben sollte, das festzustellen, nur das Nichts. Man kann im Rahmen dieser Theorie auch nicht fragen, was gewesen wäre, wenn es, außerhalb des entstehenden Raumes, doch noch etwas gegeben hätte.

Die Entstehung der Galaxien und der Sonnen in diesem Raum ist auf Unregelmäßigkeiten (Quantenfluktuationen und Gravitation) in der Dichte des frühen Universums zurückzuführen. Gleichförmige Ausdehnung hätte zu einem strukturlosen Kosmos voll kaltem Wasserstoffgas geführt. Erst dessen Dichteunterschiede ließen die Gravitation Materie zu Galaxienhaufen und Galaxien zusammenraffen und in deren eigenen Verdichtungen zu Sonnen werden. Die Strukturen im Kosmos entstanden.

Im Inneren der Sonnen wird die Dichte, Temperatur oder die Geschwindigkeit der Teilchen wieder so hoch, dass die Protonen ihre Elektronen verlieren und wieder Plasma entsteht. Nun herrschen nicht nur ungeheure Dichte-, sondern auch Temperaturunterschiede im Kosmos.

Das Entstehen der Planeten wird noch diskutiert. Wohl wird ihre Materie von den Sonnen eingefangen worden sein, die man sich als scheibenförmig rotierende Gaswolken vorstellen soll. Aber die Herkunft ihrer schweren Elemente möchte man nicht in den Randwirbeln der Protosonnen selbst vermuten, sondern aus kosmischem Staub, den Resten von Supernova-Explosionen, und wohl auch großer Sterne, die es einmal in nicht zu großer Entfernung gab und die durch einen Gravitationskollaps zerfallen sind.

Das ist nun unser Thema nicht mehr. Vielmehr ist es mir darauf angekommen zu zeigen, dass schon im Kosmos Zufall und Unbestimmtheit zu gesetzlichen Strukturen führen, die uns dann als notwendig und von fast ewiger Dauer erscheinen; wo wir uns dann auf die Stetigkeit der Planetenbahnen ebenso verlassen können wie auf die Fall- und die Hebelgesetze.

# Probleme um die Produkte

## Woher kam der Urknall?

Zu den wohl unaufklärbaren Rätseln gehört die Herkunft des Urknalls selbst – und damit der Existenz des Kosmos und der Dinge überhaupt. So nahe liegend es ist, diese Fragen nicht stellen zu können, wenn wir nicht existierten, bleibt doch ein ernst zu nehmender Rest.

Nachdem wir aber eine Fülle von Einsichten in eine gesetzliche Welt gewonnen haben, sodass sie sogar Rekonstruktionen über deren Entstehen zulassen, und nachdem sogar passable Annahmen über die Alpha-Bedingungen des Ursprungs der Welt möglich sind, kann man sich weiteren Fragen gar nicht entziehen. Zwei sind am ehesten greifbar.

Einmal kann man sich fragen, was das Schicksal dieses Kosmos werden mag. Schon dem Prinzip nach bieten sich drei Möglichkeiten: Die Ausdehnung des Kosmos wird ewig weitergehen, sie wird zu einem Stillstand kommen, oder, drittens, der Kosmos wird, nach einem Stillstand, wieder in sich zusammenfallen, in jenen Punkt, aus welchem er entstanden ist. Jede der Alternativen hätte höchst unterschiedliche Konsequenzen. Die Bücher darüber sind freilich noch lange nicht geschlossen und wohl auch nicht zu schließen.

Ferner kann man fragen, ob es nur einen einzigen Kosmos gibt. Auch da bedenkt man dreierlei Möglichkeiten. Sollte der Kosmos wieder in sich zusammenfallen, könnte es ein pulsierendes Universum sein, das – wie nun? – in gleicher, ähnlicher, oder – wahrscheinlich – ganz anderer Form immer wieder entsteht und vergeht.

Es war auch immer wieder von einem Antikosmos mit umgekehrten Ladungsverhältnissen unseres Kosmos die Rede; und die fantastische Idee, dass die »Schwarzen Löcher« in einer Art Wurmloch in diesen hinüberführen. Schwarze Löcher, so ist anzunehmen, entstehen durch den Gravitationskollaps von Sternen mit mehr als zwanzig Sonnenmassen; sie sind deshalb schwarz, weil die Gravitationskräfte so groß sind, dass sie auch das Licht verschlucken.

Heute ist man der Ansicht, dass diese Bildung keine Annahme von Antimaterie in einem Antikosmos fordert. Man sagte mir, dass das Überwiegen von Materie in unserem Kosmos »durch eine die Baryonenzahl verletzende Wechselwirkung im frühen Kosmos« erklärt werden könne. Das aber ist mir zu technisch, und wahrscheinlich auch dem Leser, als dass ich versuchen sollte, es auszuführen.

Als ich als kleiner Junge erstmals im Dunkelfeld-Mikroskop die vielen strahlenden Partikelchen in einer Zelle sah, dachte ich mir, dass unser Sternenhimmel vielleicht auch nur einer Zelle eines ganz großen Organismus entspräche.

Vielleicht ist es manchem meiner Leser ähnlich ergangen. Jedenfalls lässt uns schon unsere Neugierde nicht los. Und gibt es nicht immer wieder Versuche, einen Nachweis dafür zu gewinnen, dass es einen gütigen Weltenschöpfer geben müsse, der den Urknall, diesen Kosmos und uns Menschen gewollt hat?

## Ist Materie nur ein Zwischenstadium?

Tatsächlich verstummen die Stimmen nicht, die erwarten, dass alles Materielle nur zum Zweck eines Höheren geschaffen wurde, ja selbst etwas Geistiges enthalten könnte. Um das aufzuklären, ist es angeraten, sich mit dem Begriff der Emergenz zu befassen. Er ist so grundlegend, dass wir ihm schon am Beginn des Themas »Metaphysik« begegneten.

Das Wort hat mit »Auftauchen« zu tun, und es erinnert daran, dass beim Zusammenschluss von Teilen ganz neue Eigenschaften auftauchen können. So wie erst beim Zusammenschluss von Atomen von chemischen Reaktionen zu reden ist, erst die Vernetzung vieler, autokatalytischer Prozesse Chemie zum Träger von Leben macht, sodass eine Nervenzelle, auch in Spuren, nicht zu denken vermag, wir aber, mit vielen derselben durchaus, und sehr bewusst, denken.

Gewiss wäre es verfehlt, Materie nur als Träger von Energie zu betrachten. Sie trägt nicht minder Information. Ein hübsches Beispiel zeigt ein weiteres Gespenst: *Maxwells* Dämon. Von diesem, nur atomgroßen Geist wird angenommen, dass er an einem Türchen zwischen zwei Kammern sitzt, die mit einem molekularen Gas gleichmäßig gefüllt sind. Wenn er nun, im Wirbel der Moleküle, nur die schnellen nach links, die langsamen aber nach rechts durchlässt, baut er ein Temperaturgefälle auf, ein Perpetuum mobile, mit dem er eine Dampfmaschine betreiben könnte. Die Energie, die er erzeugt, entspricht der Information, die er uns voraus hat; die wir, Makrokreaturen, nicht haben können.

Freilich tendiert Differenzierung dazu, mit beschränkter Materie immer mehr Information verfügbar zu haben. Schon das Gehirn eines Gelehrten mit gutem Gedächtnis kann die Information einer Bibliothek enthalten, die Tonnen wiegt. Und noch effektiver speichert das eine einzige CD ROM, die noch viel weniger Materie enthält als das Gehirn unseres Gelehrten.

Unser Sensorium ist nun nicht darauf adaptiert worden, für Energie und Information eine übergreifende Anschauung zu bilden. Das ist zunächst am Welle-Teilchen-Dualismus auffallend geworden, da sich Quanten, auch mittels unserer Messmethoden, entweder als Korpuskeln darstellen mit der Information: Ich bin da, oder nicht da, oder aber als eine stehende oder fortschreitende Welle.

Im Grunde zeigt sich das in unserer ganzen Begrifflichkeit, die stets zwischen Funktion und Form unterscheidet, wie auch in der Trennung von Verb und Nomen, die tatsächlich allen Sprachen der Menschen eigentümlich ist. Und ich meine heute, das auf zweierlei Mechanismen unserer Wahrnehmung zurückführen zu können. Im Abschnitt »Sprache« kommen wir darauf zurück.

### Warum entsteht fortgesetzt Ordnung?

Nicht minder herausfordernd ist es, auf die Frage zurückzukommen, warum in diesem Kosmos, dem Entropie-Gesetz entgegen, überhaupt und fortgesetzt Ordnung entsteht. In »Faust I« gibt es eine schöne Stelle, in der der Teufel darüber lebhaft Klage führt.

Dass Ordnung nur lokal, sogar sehr lokal entsteht, mögen wir aus der Bedingung verstehen, größere Mengen an Unordnung abführen zu müssen. Soll der Umstand aber, dass dieser Kosmos nicht nur gleichverteiltes, kaltes Wasserstoffgas enthält, nur darauf zurückzuführen sein, dass es aus jenen Zusammenhängen von Quantenfluktuationen und Gravitation zufällig ungleichmäßig verteilt gewesen ist? Sollte schon so früh die schöpferische Rolle des blinden Zufalls beginnen?

Befragt man Anorganiker, warum sich aus Atomen fortgesetzt Moleküle bilden und diese, noch dazu in einem hierarchischen Muster, zu hoher Komplikation aufwachsen, dann erfährt man, dass das eine Folge der chemischen Bindungsgesetze ist. Da dieselben aber gleich bleiben, die Differenzierungsgrade jedoch lokal sehr verschieden sind, muss wohl auch das Milieu eine Rolle spielen, in welchem sich solche Differenzierungen abspielen; Milieu im Sinne von Temperatur und der Anwesenheit und Dichte anderer Moleküle.

Im Thema der »Evolution« des Lebendigen werden wir einem entsprechenden Thema unter dem Begriff »Anagenese«

begegnen. Und dort werden wir einen deutlichen Zusammenhang von Erhaltungs- und Milieubedingungen aufdecken. Das macht das Nebeneinander von Bakterien und Säugern verständlich; vielleicht auch das Nebeneinander reiner Gase und komplexer Riesenmoleküle.

Und dennoch empfindet etwas in uns – die Seele? –, noch nach Weiterem suchen zu sollen, das uns verständlich machen soll, warum sich der Kosmos überhaupt differenzierte, die Biosphäre der Erde und der Mensch, mit seiner Suche nach Gott, entstanden. Wohl aber sucht die Seele anderes als diese Wissenschaft.

*Einschneidende Dinge sind begriffen; entscheidende nicht. Wir leben in einem Kosmos, dessen Ausgangsbedingungen uns verschlossen bleiben, der jedoch unter den zahllosen Zufallsmöglichkeiten seiner Entfaltung eine realisierte, die lokal fortgesetzte Ordnung, Differenzierung und Komplexität schaffen musste, obwohl im Ganzen die Drift ins physikalische Chaos regiert. Für die Strukturen, die er schafft, ist er nicht prädestiniert sondern prädisponiert. Er würde nie mehr dasselbe schaffen; der echte, physikalische Zufall, der dirigiert, ließe das nicht zu.*

*Wir müssen darum erwarten, dass er auch in der Folge für die Schaffung von Sonnensystem, Erde, Biosphäre, Leben und Mensch nicht prädestiniert, sondern prädisponiert war. Mit allem, was uns umgibt, können auch wir uns nicht als geplant, keineswegs als Notwendigkeit, sondern nur als eine unter zahllosen Möglichkeiten verstehen, freilich aber wieder als eine höchst reale.*

# Teil 3 Evolution der Organismen

*Was in der Entwicklung des Kosmos noch weniger spektakulär erschien, kommt nun deutlich in den Vordergrund: Geschichtlichkeit. Freilich haben auch Sterne Geschichte, werden geboren, verbrauchen sich und sterben. Aber das geschieht Äonen entfernt und in Zyklen von Jahrmilliarden.*
*Die Reiche der Organismen lassen ihre Geschichtlichkeit zwar auch nur rekonstruieren, dies aber nur zu offensichtlich. Geschichten von Bahnungen zunehmender Organisation werden auftreten, die aussehen, als ob sie auf etwas zuliefen, als ob es dort ein Ziel gäbe.*

## Was heißt Evolution?

Evolution heißt nur »auswickeln«, und auch Schöpfung lässt erwarten, Vorgefertigtes aus einem Tümpel zu schöpfen. Tatsächlich ist in unseren Begriffen noch die alte Präformationslehre versteckt. Als frühe Mikroskope die Entdeckung des menschlichen Spermiums erlaubten, meinte man im Spermienkopf ein winziges Männchen mit hoher Mütze sitzen zu sehen. Wir sind konzeptuell auf den Evolutionsprozess schlecht vorbereitet. Denn es fällt schon nicht leicht, sich das Auftreten von neuen Qualitäten vorzustellen, die auch in Spuren in ihren Konstituenten nicht enthalten sind. Moleküle leiten keine Reize; zu mehreren in einer Nervenzelle jedoch tun sie das. Eine Nervenzelle denkt nicht; aber mit vielen von ihnen denken wir.

Entsprechend werden wir eine Fülle von Merkwürdigkeiten auffinden. Von der generellsten Perspektive will ich gleich ausgehen. Es handelt sich um einen Prozess, der jeweils eine große Zahl von Molekülen in einer Weise organisiert, dass diese schließlich beginnen, über Moleküle nachzudenken. Sie können sogar Klage darüber führen, sich im Tod wieder auflösen zu müssen.

Wir werden auch sehen, dass »Erhaltungsbedingungen« ein wichtiges Maß sind. Man kann aber nicht sagen, dass sich diese für Moleküle in lebenden Molekülverbänden verbessert hätten. Hat sie die Selbstorganisation der Materie nur in die unnötige Falle der Komplexität gelockt? Leben ist, wie man sich ausdrückt, ein Zustand fern vom physikalischen Äquilibrium, ein Balanceakt, angelegt, um zu Grunde zu gehen. Nur die Reproduktion sichert ihm einige Dauer.

# Über die Ausgangsbedingungen

## War die Entstehung des Lebens geplant?

Die Naturwissenschaft findet keinen Planer. Aber wir können nicht wissen, ob sich die Evolutionstheorie so angelegt hat, dass sie einen Planer auch nicht finden kann, ob das, was sich unser Vorstellungsvermögen unter einem Planer vorzustellen vermag, im Kosmos gar keine Existenz haben kann, oder ob es genügt, sich den Prozess aus den uns geläufigen Naturgesetzen explizieren zu können. Letzteres scheint, mit Einschränkungen, zu gelingen.

Diese Einschränkungen sind von erkenntniskritischer und von praktischer Art. Einmal ist anzuerkennen, dass wir nicht wissen, ob hinter jenen Naturgesetzen nicht doch der Planer steckt. Ein andermal ist zuzugeben, dass es noch immer nicht gelungen ist, auch die einfachsten Lebensphänomene in den biochemischen und molekularbiologischen Labors herzustellen.

Dabei ist die Sache nicht trivial. Gemeint ist ja nicht die Erzeugung des Homunkulus in der Retorte; gemeint sind vielmehr elementarste Prozesse der lernenden Reproduktion. Beispielsweise die Herstellung von Eiweißen, die – aus variierenden Ketten von Kernsäuren hergestellt – die Reproduktion erfolgreicher Kernsäureketten protegieren. Nur im schon Lebendigen vermag man zu intervenieren. Das ist eher trivial: zu klonen, im Genom zu manipulieren, oder durch Antibiotika den Bakterien und Viren kaum mehr zu beherrschende neue Lebensräume zu schaffen; indem Milliarden von ihnen getötet werden, um den entschlüpften Mutanten die Menschen ganzer Kontinente auszuliefern.

Es mag schon sein, dass die Zeit, in welcher die Menschheit biochemisch bastelt, verschwindend ist gegen jene Experimentierzeit, die der Ursuppe der ersten Gewässer unseres Planeten zur Verfügung stand. Hundert Jahrmillionen mag man dafür schon veranschlagen. Dennoch sind die Misserfolge all der gezielten Experimente auffallend.

### Ist die Entstehung des Lebens Zufall?

Soweit wir verstehen, war das Entstehen des Lebens ein notwendiger Zufall. Dabei erweist sich der Zufall so notwendig, wie die Notwendigkeiten durch den Zufall entstehen. Es stellt sich tatsächlich heraus, dass der echte, physikalische Zufall allen kreativen Prozessen unentbehrlich ist. Und zwar eben von der Lebensentstehung her über den adaptiven Kenntnisgewinn des Erbgutes bis zu unseren eigenen schöpferischen Tätigkeiten; seien es Erfindungen oder Entdeckungen.

Wäre das nicht so, müssten wir ja, da die Prämissen aller Erfindungen und Entdeckungen verfügbar gemacht werden können, alle erwünschten Erfindungen und Entdeckungen heute noch machen können.

Dies sei nun nicht mit kognitivem Zufall verwechselt, wie etwa beim Würfeln, wobei wir einen durchaus deterministischen Vorgang, nämlich die Bewegung eines geometrischen Körpers, in die Unbestimmtheit von Bewegung und Würfelbecher verfügen, damit die erreichte Ruhestellung sechs gleich große Wahrscheinlichkeiten haben soll. Unter physikalischem Zufall ist vielmehr das Hindurchreichen der mikrophysikalischen Unbestimmtheit in den Makrobereich der uns wahrnehmbaren Welt gemeint. Wann beispielsweise ein schweres Quant durch ein Erbgut fliegt und an welcher Stelle es in diesem ein Molekül herausschlägt und damit die Instruktion verändert, die es enthält, ist gewiss nicht vorherzusagen.

Ähnlich muss es sich auch in unseren Gehirnen abspielen. Welche Assoziationen sich in einem unbeschäftigten Gehirn über die Ladungen von Milliarden Molekülen an Milliarden von Nervenverbindungen einstellen werden, ist sicher auch nicht vorherzusagen. Ich vermute sogar, dass das Schöpferische schon aus diesem Grund großer Gehirne bedarf.

Was sich, umgekehrt, an den erwähnten Mutationen als erfolgreich erweist, wird nicht nur erhalten und vermehrt werden. Es wird auch, ist es zur Grundlage weiterer, für die Lebenserhaltung unentbehrlicher Strukturen und Funktionen geworden, zu einer Notwendigkeit fixiert, so zufällig diese Notwendigkeit auch entstanden ist. So kommen die Käfer von ihrem Außenskelett so wenig weg wie wir vom Innenskelett, weil an Skeletten alles Notwendige aufgehängt ist.

Ganz entsprechend ist dies mit der Erfindung des Rades oder der Buchstaben, weil aller Landtransport und alle Kommunikation begonnen hat, diese vorauszusetzen.

Soweit zum Zusammenhang von Zufall und Notwendigkeit. Nun ist aber nach der Häufigkeit solcher Zufälle zu fragen.

## War die Lebensentstehung auf der Erde wahrscheinlich?

Als mir mein Lehrer *Marinelli* das Unverhältnis von kosmischen und biologischen Evolutionszeiten verdeutlichen wollte, griff er ins Regal nach einem dicken Buch, nahm die letzten Blätter in die Hand und meinte: »Diese ersten achthundert Seiten stehen für die Evolution des Kosmos, diese letzten acht für die des Lebens.«

Heute sehen wir das anders. Man gibt der Evolution des Kosmos zwölf bis fünfzehn Jahrmilliarden, der Protosonne fünf, der Protoerde vier. Und schon vor dreieinhalb Jahrmilliarden ist auf der Erde das Leben entstanden. Nach heutiger Kenntnis hätte mein Lehrer also über einhundert Seiten in die Hand nehmen müssen. Diese Einsicht hat unser Bild vom Lebendigen stark verändert.

Sobald die mächtige Wasserstoffatmosphäre des noch flüssigen Protoplaneten, wohl von starken Sonnenwinden, reduziert war, entstand mit der Bildung der Erdkruste eine Zweitatmosphäre; wahrscheinlich gewitterdurchtobt und mit den wasserstoffreichsten Gasen Schwefelwasserstoff, Methan und Wasserdampf. Und sobald die ersten Oberflächen dieser Lavaströme unter einhundert Grad Celsius abkühlten und nicht aller Niederschlag verzischte, sondern sich Seen bildeten, muss das Leben auch schon entstanden sein.

Das gibt ein neues Bild. Hätte das nicht auf jedem Planeten geschehen können? Unter Umständen. Aber auf diese Umstände scheint es anzukommen. Man hat die beschriebene, heiße, von elektrischen Entladungen durchflutete Atmosphäre mit ihrem Kreislauf von Niederschlag und Verdampfen in der Retorte nachgebaut und darin das Entstehen organischer

Verbindungen entdeckt: Aminosäuren, Ribonukleinsäuren, aber auch Formaldehyd und Essigsäure.

Beides ist auffallend. Erstere sind uns aus der genetischen Aufbauanleitung der Eiweiße geläufig, Letztere als die radikalsten Fixierungsmittel. Wünscht man, in der Histologie Zellen heutiger Organismen mit sofortigem Erstarren zu töten, so steckt man sie in eine Formaldehyd-Essigsäure-Lösung. Am Beginn müssen Lebensprozesse von ganz anderer Art gewesen sein.

## Wie sind erste Lebensprozesse vorzustellen?

Zunächst denkt man sich die Vorläufer der Lebensprozesse, wie sich der Chemiker ausdrückt, »verschmiert« in den Küstensedimenten jener Gewässer; und zwar als einen Kreisprozess zwischen Kernsäure-Ketten, die Eiweiße produzieren, welche wieder die Herstellung ihrer Kernsäureketten fördern. Dabei besteht noch keine greifbare Vorstellung darüber, in welcher Weise die Übersetzungsmechanismen hätten entstehen sollen. Da diese aber, weil für alle Organismen universell, sehr früh entstanden sein müssen, denkt man sich deren Entstehung in dieser Zeit.

Wir sprechen dabei noch immer von Protoarten, und zwar deshalb, weil solche autokatalytischen Prozesse voneinander noch nicht durch Abkapselung getrennt sind. Dass sie sich, wie das vorausgesetzt werden muss, dennoch vermehren und vielleicht schon untereinander konkurrieren, möchte man darauf zurückführen, dass sie ihrer Umgebung Energie, oder soll man schon sagen: Information, Instruktion oder Ordnung? »wegfressen«. Ich halte das für den kritischsten Punkt in unseren Vorstellungen; denn es ist noch immer ein chemischer Prozess, der anleitet, was immer sich in der weiteren Evolution entwickelt.

Eine passable Annahme besteht in der Erwartung relativ rascher Veränderungen, auf Grund deren Verträglichkeit in noch vergleichbar einfachen Systemen sowie auf Grund hoher Temperaturen und kräftigem Quantenbombardement. Ich möchte auch annehmen, dass sich in den Schichten der Sedimente optimale Zonen solcher Strahlungsbelastung ergeben konnten. Optimal hinsichtlich einer Innovationsrate, was später als Mutationsrate zu Buche stehen wird; weil um Innovation, später sagen wir »Anpassungsgeschwindigkeit«, konkurriert wird, ohne dass die für die Erhaltungsbedingungen eines Systems nötige Instruktion »zerfließt«.

Schließlich mussten jene Systeme Erfolg gehabt haben, die ihre autokatalytischen Zyklen gegen störende Einflüsse abkapselten. Man rechnet mit der Einkapselung in Lipidmembranen, die zwei Bedingungen zu genügen hatten. Sie mussten sich teilen und wachsen können und den Stoff-Verkehr zwischen Innen und Außen optimieren.

Freilich gibt es dazu nur Ansätze von Theorien; aber es musste wohl so geschehen sein. Nun erst kann von Arten die Rede sein.

## Gibt es Leben auf anderen Planeten?

Wenn man solcherart Zyklen autokatalytischer Prozesse lebendig nennt, sobald sie ihren Stoff- und Energiebedarf ihrem Milieu entnehmen, dann ist Leben auf anderen Planeten höchst wahrscheinlich.

Dafür gibt es zwei Gründe. Einmal ist es die ganz unvorstellbare Anzahl von Planeten, die in diesem Kosmos zu erwarten sind. Planeten außerhalb des Sonnensystems sind zwar dem astronomischen Instrumentar noch nicht zugänglich; aber dem »Pendeln« einiger »näherer« Sonnen in unserer Milchstraße ist zu entnehmen, dass um sie große Planeten kreisen. Daraus geht der Überschlag hervor, dass es etwa so viele Planeten wie Sonnen geben dürfte: also unzählige. Und es ist daher höchst wahrscheinlich, dass es ähnliche Zustände wie auf unserer Erde in Fülle gibt.

Zum anderen ist es ja nicht ausgemacht, dass es sich um eine oxidierte Atmosphäre handeln muss. Selbst auf der Erde ist das Leben, wie wir es deuten, in einer Schwefelwasserstoff-Atmosphäre entstanden. Und der Sauerstoff begann, als ein Stoffwechselprodukt der Pflanzen, erst mit der Verdünnung der Atmosphäre und dem Durchdringen der Fotonen, nur allmählich zu dominieren; worauf die meisten Organismen auf den effizienteren Sauerstoff-Energiewechsel übergingen. Es ist nicht einmal ausgemacht, dass Evolution über konkurrierende Arten und nicht einmal über Populationen zahlloser, konkurrierender Individuen betrieben werden muss. Vielleicht produzieren uns die »Artificial-life«-

Computerspiele einmal weitere Modelle. Bislang ist das Sciencefiction.

Außerdem gibt es heute noch Leben in Schwefelwasserstoff-Welten auf der Erde. Von den Schwefelbakterien kennt man das seit langem. Ich entdeckte eine artenreiche Kleinfauna im so genannten »Sulfidsystem«, das vielen Sandböden der Meere unterlegt geblieben ist. Und heute tauchen an den »Hot vents«, Vulkanöffnungen der Tiefsee, immer mehr solcher Arten auf.

Fragt man nach Leben im Kosmos, so ist nun in der Regel an intelligentes Leben gedacht. Diese Frage aber stellt sich anders. Beispielsweise: Wenn solches Leben existierte, warum wir mit diesem keine Kommunikation erreichen, nicht einmal Zeichen erhalten.

Ein Urteil darüber hängt mit der Wahrnehmung kosmischer Dimensionen und mit Vermutungen über die Lebenserwartung sendefreudiger Kulturen zusammen. Sollte der Kosmos den heute erwarteten Dimensionen annähernd entsprechen, so nähme sich das Schnellste, das ihm zugedacht wird, die Lichtgeschwindigkeit, wie eine Schneckenbewegung aus. Die schnellste Nachricht über kosmisch große Entfernungen würde Jahrmillionen beanspruchen. Für kosmische Zeiten zwar nur wie die Dauer eines Weitschusses im neunzig Minuten dauernden Fußballspiel. Für die Spanne von Jahrhunderten aber, die wir als technische Entwicklungen erleben, ist das anders.

Die Frage, ob intelligente Kulturen im Kosmos je werden kommunizieren können, hängt davon ab, welche Lebensspanne wir diesen zumessen. Sind es fünf Milliarden Jahre, die Zeit, in der unsere Sonne noch nicht explodieren dürfte, dann ist eine Kommunikation bei fortgesetztem Senden wahrscheinlich. Sollten technische Zivilisationen, wie es bei uns aussieht, aber nur etliche Jahrhunderte überdauern, dann ist auch nur der Empfang einer Nachricht unwahrscheinlich.

Zur Illustration denke man sich den Kosmos als einen stillen See, durch dessen Oberfläche, den Zeithorizont, irgendwann zwei Steine fallen. Das sind die Lebensspannen kurzer Sendekulturen. Dann ergäbe sich Nachricht aus dem Weltraum für die zweite der Kulturen nur, wenn ihr Stein genau den Wellenkreis trifft, den die erste Kultur, der erste Stein, ausgesendet hat.

Ist der Spaß von der Begegnung zweier Planeten bekannt? Sagt der eine: »Ja wie siehst denn du aus!« Der andere: »Mir geht's miserabel, ich hab' die Menschheit.« Sagt der erste im Vorbeifliegen: »Mach dir nichts draus, geht vorbei, geht vorbei!«

## Was bedeutet dabei das Anthropische Prinzip?

Physiker hat die Unwahrscheinlichkeit der Menschwerdung überrascht. Und es ist ja wirklich erstaunlich, dass sich im Kosmos Molekülverbände so organisierten, dass sie nun selbst über diesen Kosmos reden und rätseln können. Von einem solchen Gedanken sind wir ja ausgegangen.

Dennoch hat diese Überraschung etwas Rührendes. Ihr ist offenbar unterlegt, dass das Entstehen der Menschen von Bedeutung sein könnte. Wir haben jedoch keine Ahnung davon, was in diesem Kosmos neben uns noch alles an Wunderlichkeiten entstanden sein mag; wer da noch alles grübelt und Dinge tut oder produziert, die sich weit jenseits des uns Begreifbaren abspielen können.

Aus Sicht des Biologen war die Evolution keineswegs auf die Schaffung des Menschen angelegt. Er hat sich ergeben. Ob wir das als geglückt oder passiert bezeichnen, das hat nur mit unseren Urteilen zu tun. Diese seien jedermann überlassen. Die Umwege aber, über welche er entstanden ist, und der ganze »evolutive Pfusch«, der in ihm kumulierte, schließen die Annahme jeder vernünftigen Planung aus.

Unsere frühen Vorfahren wurden in Torpedoform entworfen. Sobald das Produkt ordentlich schwamm, ist es aufs Land gekrabbelt und wurde zur Brückenkonstruktion hinübergebastelt, und sobald die Torpedobrücke wiederum flott lief und kletterte, wurde sie auf zwei der Brückenpfeiler aufgestellt. Und nun marschieren wir als Torpedo-Brücken-Turm herum. Zudem überkreuzen sich Atem- und Speisewege, die Geburt muss durch den einzigen nicht erweiterbaren Knochenring, und der Film im Auge ist und bleibt verkehrt eingelegt.

Vielleicht beruht die Überraschung darauf, dass wir es sind, die über den Kosmos grübeln dürfen. Und ich will schon zugeben, dass da was dran ist. Aber wenn wir dazu gemacht wären, ihn zu verstehen, dann bleibt die Frage: Warum so beschränkt?

Wir sind hier an einem Thema angelangt, das zur deutlichsten Polarisierung der Geister geführt hat; einer Polarisierung, die in der Gegenüberstellung der Haltungen zweier französischer Forscher der 50er-Jahre besonders deutlich wurde: *Monod* und *Teilhard de Chardin*.

*Monod*, Biochemiker, Molekularbiologe, entdeckte ein wichtiges Regulations-System in den Genen des Darmbakteriums, das trotz seiner Komplikation durch das Spiel von Versuch und Irrtum, also durch Zufall entstanden sein musste. *Monods* daraus gezogenen Schluss muss man aus seiner gesellschaftlichen Theorie verstehen.

Als links-sympathisierender Intellektueller aus der Szene des französischen Existenzialismus muss ihm die Sinnhaftigkeit einer Diskussion über den Sinn des Lebens ohnedies fremd gewesen sein. Und er schloss aus der Zufallshaftigkeit selbst elementaren Lebensgeschehens, dass Leben überhaupt ein Zufallsprodukt, das Gegenteil von Plan und Absicht, sein müsse, und wir folglich selbst begreifen müssten, in diesem Kosmos keinen Zweck zu haben.

Umgekehrt *Teilhard:* Paläontologe, Anthropologe, und immer wieder von seinem Orden aus Europa entfernter Jesuit, kannte er die bedeutendsten Ausgrabungen der Frühmenschen und war in Asien vielfach selbst dabei. Aus seinem Fach sah auch er die unverkennbaren Bahnungen der großen stammesgeschichtlichen Abläufe.

Als gläubiger Christ war er überzeugt, dass die Bahn zum Menschen auf die Erkenntnis Gottes zulaufen müsse. Denn sucht nicht alle menschliche Kreatur Gott zu erkennen, und ist er uns nicht selbst geoffenbart worden? Evolution selbst muss eine Schöpfung Gottes sein. Von ihm geplant, also von prästabilisierter Harmonie.

Zwei Einsichten bestätigen unsere heutigen Kenntnise vom Evolutionsgeschehen: Der Zufall ist ihr schöpferisches Element, und die entstehenden Bahnungen sind ein Faktum. Das mag wie ein Widerspruch erscheinen, ist es aber nicht. Diese Evolution stabilisiert sich selbst und richtet sich selber aus. Ihr Sinn, oder doch ihre Zwecke entstehen mit ihren Produkten. Sie ist von einer poststabilisierten Harmonie.

# Über ihre Gesetze

## Warum gibt es Höherentwicklung?

Das unverkennbarste Phänomen der Evolution ist die fortgesetzte Entstehung komplexerer Organisation. Durch einige Jahrmilliarden scheint es nur Einzeller gegeben zu haben. Dann folgen Schwämme und Hohltiere der Meere, schließlich Fische, Säuger und mit ihnen der Mensch.

Was allerdings eine Skalierung von oben und unten betrifft, ist Umsicht geboten. Hinsichtlich einer taktischen Überlegenheit scheinen wir uns leicht zu orientieren. Denn zweifellos ist beim Nahrungserwerb der Regenwurm den Bodenpilzen überlegen, die Eidechse dem Regenwurm, der Fuchs der Eidechse und der Jäger dem Fuchs. Das ist eine Skalierung nach dem Horizont der »Weltbild-Apparate«.

Eine ganz andere Skalierung misst nach Erhaltungsbedingungen, von welchen mein Kommentar ja ausgegangen ist. Wir können annehmen, dass die Organisation der Schwefelbakterien, die im Zusammenhang mit den Sulfidsystemen zu erwähnen war, an die drei Jahrmilliarden überdauert hat. Das ist wahrscheinlich das Sechsfache der fischartigen Wesen und das Tausendfache der Spezies Mensch. Und wer soll sagen, welche Organisationsform im Fall der Zerstörung der Atmosphäre, oder gar einer kosmischen Kollision, die größeren Erhaltungschancen besitzt?

Warum also gibt es dennoch eine Entwicklung zum Komplexeren? Die einfacheren Formen, Bakterien, Einzeller, niederen Pilze und Würmer haben sich ja auch erhalten. Ihre Existenz ist sogar für die der komplexeren Formen völlig unentbehrlich. Nicht nur funktioniert deren Stoffwechsel meist nur mithilfe einzelliger Organismen, sie sind, als so genannte Reduzenten, sogar für den Stoffkreislauf der ganzen Biosphäre, neben den Produzenten (den Pflanzen) und den Konsumenten, absolut notwendig. Warum also dann neben diesen der fortgesetzte Schub ins Komplexe?

Das ist das Problem der Anagenese. Es verliert sein Gewicht, wenn man erkennt, dass die entstehenden Organismen selbst zum Milieu der Organismen werden. Dieses biotische Milieu beginnt sogar, das anorganische, die Wirkung von

Temperatur, atmosphärischen Gasen und Strahlung zu überwiegen. Man nehme eine Pavianhorde: Für diese bilden fast nur mehr die Vegetation und die Großkatzen das Lebensproblem. Und wir Menschen sind uns schon nur mehr selber im Wege.

Man kann sich freilich fragen, was das für eine stille, noble Welt geworden wäre, hätte es bei den Pflanzen bleiben können. Außer Raumkonkurrenz kaum Auseinandersetzungen. Aber dabei konnte es nicht bleiben: Die Chance, welche die Evolution bot, war nicht mehr, aus Fotonen Lebensenergie aufzubauen, sondern angesichts vorgeformter Energie in Pflanzen gleich diese zu verzehren. Man sieht schon an diesem Beispiel, dass es Vorteile bietet, einen jeden Organisationshorizont zu übersteigen, sobald dieser etabliert ist. Die Evolution kann nicht anders.

### Können Mutation und Selektion Evolution hinreichend erklären?

Soweit wir heute sehen, kann der ganze Prozess der Evolution aus zwei Mechanismen verstanden werden, die man in erbliche Variation und Auslesebedingungen gliedern kann. Umstritten ist die Frage, was unter den beiden zu verstehen wäre.

Die Schulmeinung schreibt der Variation blinden Zufall zu, und unter Selektion hat man nur die Wirkung durch das Milieu des Individuums im Auge. Wäre dem so, folgt sogleich ein fundamentales Paradoxon aus folgender Gegenüberstellung:

Das Produkt, die hierarchisch gegliederten Ähnlichkeitsmuster der Organismen erwiesen sich schon früh als so weit entfernt von jeder Möglichkeit blinden Zufalls, dass daraus die Suche nach einer wissenschaftlichen Erklärung entstand. Diese kennt man seit *Lamarck* und *Darwin* als Abstammungslehre, und diese lässt erwarten, dass die Arten in einer entsprechend geordneten Weise auseinander hervorgegangen sind. Und zwar in der Weise, dass an einer Hierarchie etablierter Bauformen stufenweise festgehalten wird.

Die Erklärung dagegen sieht nur einen Blinden und einen völlig kurzsichtigen Konstrukteur vor. Mutationen erfolgten blindlings und ohne Bezug auf die jeweils gegebenen Bedürfnisse. Und die Selektion, die einen Organismus tötet oder doch von der Reproduktion ausschließt, kann nicht vorhersehen, ob derselbe nicht kurz darauf hätte sehr erfolgreich sein können.

Zunächst sind schon Zufallsänderungen von relativer Art. Denn man wird erkennen, dass sie an einem Computer andere Möglichkeiten eröffnen als an einem Pferdewagen; und dass, darüber hinaus, solche Zufallsmöglichkeiten einander sogar ausschließen.

Ferner kann nicht erwartet werden, dass Selektion und Elimination allein dem Milieu obliegen. Vielmehr ist nicht zu bezweifeln, dass die Organisation eines Organismus selbst Selektionsbedingungen setzt. Wie einer Selektion durch den Markt eine »innere« Selektion gegenüberstehen muss, die zur Betriebsorganisation führt. Nicht nur müssen alle Organe aufeinander abgestimmt bleiben; es ist zu erwarten, dass in einem komplexen Bau die Organe das Milieu ihrer Gewebe und diese das Milieu ihrer Zellen sind. So konnte auch keine Fledermaus ein Vogel werden, und kein Delfin ein Fisch; gleichwohl der Selektionsdruck des Milieus seit vielen Jahrmillionen darauf gedrängt haben muss. Aber die Fledermäuse haben die Erfindung der Feder verpasst, und die Delfine können die Kiemen nicht mehr restaurieren, weil sie durch die Lungenatmung ersetzt worden sind.

Diese Umstände fordern, um bei jener Metapher zu bleiben, die Wirkung eines dritten, weitsichtigen Konstrukteurs wahrzunehmen, der zwar auch nicht in die Zukunft sehen kann, aber – ähnlich einem Seilflechter – zurück, auf die Herstellung seines bisherigen Produktes. Das sind hier die durch jene relativen Zufälle entstandenen Notwendigkeiten der inneren Organisation. Das lässt die entstandene hierarchische Ordnung verstehen und begründet meine Behauptung, dass die Organismenwelt durchaus differenzierte Harmonie entwickelte, aber keine prä-, sondern eine poststabilisierte Harmonie.

## Wie können komplexe Systeme adaptiert werden?

Ebenso wenig anschaulich ist uns der Zusammenhang von Zufall und Komplexität. Um ein quantifizierbares Beispiel zu verwenden, denke man an ein großes Kompendium. Die vierundzwanzig Bände des Brockhaus oder der Encyclopaedia

Britannica enthalten rund zweihundert Millionen Zeichen. Das entspricht dem Infomationsgehalt des Keimmaterials etwa einer Weinbergschnecke. Das vergleicht sich gut, weil jeweils drei Kernsäurebasen in 21 verschiedene Aminosäuren übersetzt werden, welche die Eiweißketten zusammensetzen; etwa wie Morsezeichen in 24 Buchstaben und lange Worte.

Wenn eine Mutation, im einfachsten Fall eine Punktmutation, eine zu verbessernde Stelle im Keimmaterial der Schnecke finden soll, dann ist das mit der Aufgabe zu vergleichen, einen falschen Buchstaben im Kompendium mithilfe des Zufalls zu finden. Das verlangt rund einhundert Millionen Versuche. Damit ist aber erst der Ort gefunden. Um den falschen Buchstaben mit dem richtigen, unter zwanzig möglichen, zu ersetzen, bedarf es im Durchschnitt zehnmal so viele, also eine Milliarde Versuche.

Dabei bedeutet »Versuch« die Geburt einer mutierten Schnecke beziehungsweise eine Milliarde jener Neudrucke des ganzen Kompendiums, welchen jeweils die Zufallsänderung eines Buchstabens geschehen ist.

Noch dazu ist zu verlangen, dass die Auflage des Kompendiums mit einem einzigen, falschen Buchstaben am Markt reduzierten Erfolg haben müsste. Dass zweitens alle anderen Auflagen mit einem zweiten, eingefügten Fehler, das ist eine Milliarde Auflagen minus einer, am Markt gänzlich durchfallen. Und dass drittens die eine Auflage mit dem korrigierten Buchstaben derartigen Erfolg hat, dass alle anderen verdrängt und schließlich eingestampft werden.

Man wird zugeben, dass das Verfahren aufwändig ist. Vor allem, wenn man sich vor Augen hält, dass der ganze Text der vierundwanzig Bände auf solche Weise entstehen sollte. Und auch von der Selektion wird eine kaum vorstellbare beckmesserische Akribie verlangt.

Da der Vorgang auf den Zufall angewiesen ist, muss erwartet werden, dass Veränderungen und Neuschöpfungen in größeren, und zwar sinnvollen, größeren Einheiten erfolgen, in dem, was wir bei Texten Worte, Sätze und Absätze nennen, im Keimmaterial in einem ebenso hierarchischen System funktionell zusammenhängender Bauanleitungen.

Und auch darüber sind die Bücher noch lange nicht geschlossen.

Blickt man auf diese Mechanismen der Evolution zurück, so fällt, im Gegensatz zur Pracht, Fantasie und Mannigfaltigkeit der Ordnung ihrer Produkte, ihre Voraussichtslosigkeit auf. Denn, dem was wir schon den »evolutionären Pfusch« genannt haben, sind wir bei ihrer Produktion eines Torpedo-Brücken-Turms des Baues des Menschen bereits begegnet.

Aber auch die Ambivalenz all der Segnungen ihrer Produkte sei nicht übersehen. Schon mein Lehrer *Bertalanffy* hat ja darauf aufmerksam gemacht, dass erst mit der Vielzelligkeit der Tod als Programm in die Welt kam, mit dem Nervensystem der Schmerz, mit dem Bewusstsein die Angst und, wie wir hinzufügten: mit dem Besitz die Sorge. All das hätte uns die Evolution ersparen können. Aber sie konnte in ihren Aufbauschritten auf Differenzierung, gezielte Nachrichtenleitung, Lenkung mithilfe des Gedächtnisses und Reserven für den Notfall nicht verzichten. Sie hätte uns aber eben gleichzeitig auch das Erleben des Geschlechts, der Lust, der Freude und der Geborgenheit genommen.

Besonders in den Umständen unseres Bewusstseins trifft uns dieser Mangel an Voraussicht. Als es entstanden ist, und ich komme darauf noch zurück, war es ein neues Regulativ von noch geringer Bedeutung. Es war kein Grund gegeben, das Wenige an Gedächtnisinhalten der nächsten Generation zu übertragen. Es konnte getrost mit dem physischen Tod der Kreatur zu Grunde gehen. Mit dem Hellwerden des Bewusstseins bei uns Menschen, das in jeder Person eine reiche und einmalige Weltsicht aufgebaut hat, hat sich jener Ansatz in dramatischer Weise verändert. Mit jedem Tod eines Menschen geht jeweils ein so komplettes wie unersetzliches Weltbild zu Grunde. Das ist es, was uns gegenüber dem Tod erschüttert und so ratlos macht.

Hätte das Bewusstsein in der Keimbahn weitergegeben werden können, wie fast alle anderen Anlagen, der Tod wäre kein größerer Verlust als das Haareschneiden. Und man stelle sich vor, welch ungeheuren Reichtum an Wissen und Abklärungen solch ein Mehr-Generationen-Gedächtnis der Welt gebracht hätte. Faktum bleibt, dass dieses Ich am Gipfel seiner Ausformung Futter für Würmer wird.

### Setzen sich die Gesetze der Evolution in der Kultur fort?

Was sich in den letzten Abschnitten wie akademische Querelen ausgenommen haben mag, betrifft uns jedoch sehr. Es liegt ja nicht nur die Frage vor, wodurch denn die lebendige Mannigfaltigkeit entstanden ist, sondern nicht minder die Frage, was daraus für uns selber folgt. Und selbstverständlich sind durch die Entstehungsbedingungen des Lebendigen schon Hundertschaften von Entscheidungen durchlaufen worden, die nicht mehr rückgängig gemacht werden können und die nicht minder unser Dasein und die Erhaltungsbedingungen unserer Art bestimmen.

Dazu gehört der Umstand, dass sich das Leben selbst seinen Sinn schafft, dass sich Systeme in Systemen entstehend und um sie herum zu Wechselzusammenhängen verflechten, und dass rundum Grenzen gesetzt werden, die nicht zu übersteigen sind. In erster Konsequenz lässt das einen Ausblick auf unsere eigene Sinnfrage zu, auf die Verflechtungen in uns selbst und mit aller Natur, und einen auf die Beschränkungen unserer eigenen kognitiven und sozialen Ausstattung. Darum wird ein wirkliches Verständnis evolutiver Prozesse aufschlussreich.

Das alles wird hier noch nicht sichtbar und soll uns auch anhand späterer Fragen beschäftigen. Dass Sinn, Verflechtung und die Wahrnehmung unserer Grenzen eine Abklärung nahe legen und diese zu einer neuen und objektiven Begründung eines Humanismus führen soll, ist von hier aus noch weniger zu sehen, sei aber zur Voraussicht angemerkt.

## Evolution heute

### Ist Selektion heute schon ausgeschaltet?

Im Prinzip geht Evolution auch heute weiter. Aber die Zeitspannen, die wir miterleben, sind für den Wandel erblicher Merkmale höherer Organismen äußerst kurz. Dass wir durch die Entwicklung der Antibiotika den Wandel der Bakterien fördern, wurde schon gesagt. Auch Rassen lassen sich in Jahrhunderten vervielfältigen. Man denke bloß an Hunde, Pferde und Rinder. Einige Arten haben sich dem Schmutz angepasst, den wir produzieren. So sind dunkle Schmetterlingsrassen entstanden, weil sie an berußten Rinden besser getarnt sind.

Das Entstehen neuer Arten scheinen wir aber kaum erlebt zu haben und scheint bei Säugetieren auch wenigstens eine Million Jahre zu beanspruchen. Auch wir Menschen, so verschieden Niloten und Eskimos erscheinen, erweisen uns bekanntlich alle noch als kreuzbar.

Eine andere Frage ist es, ob noch Selektion und Elimination beim Menschen herrschen. Zunächst sieht es ja so aus, als könnte die Schaffung eines bequemen und sicheren Milieus jene Prozesse ausschalten. Dennoch aber wirkt jene »innere Selektion« weiter. Viele Föten gehen auf Grund von Defekten zu Grunde. Und wie viele befruchtete Eizellen schon nach wenigen Furchungsschritten wegen irgendeiner Stoffwechsel-Ineffizienz abgehen, ist nicht abzuschätzen.

Was die Selektionsprozesse durch das Milieu betrifft, haben wir Menschen es manchmal und lokal zu jener Humanität gebracht, die auch behindertes Leben schützt und pflegt. Und entsprechend muss eine allmähliche Verschlechterung unseres Erbmaterials in Kauf genommen werden. Das gilt auch für pharmakologische Hilfeleistungen. Seitdem es gelungen ist, beispielsweise erbbedingt Zuckerkranke so zu stabilisieren, dass sie die reproduktive Lebensphase erreichen und übersteigen, nimmt notwendigerweise diese Zuckerkrankheit zu.

Freilich ist die Frage legitim, ob das gut ist. Aber nachdem wir uns die Hege jedes menschlichen Lebens zur Pflicht gemacht haben, muss hier das Einzelschicksal, und zwar vor jeder weiteren Frage, vor dem kollektiven stehen.

## Wer darf über Leben entscheiden?

Ebenso wirft das für den Menschen die Fragen nach dem Recht auf Todesurteil, Selbstmord, Euthanasie und Eugenik auf. Außer der Frage nach dem Recht, Todesurteile zu verhängen, halte ich sie alle für unlösbar. Todesurteile, so fühlt man, gehören nicht mehr in unsere Zeit. Einmal ist Justizirrtum niemals auszuschließen, ein andermal ist unsere Gesellschaft vermögend genug, sich Gefängnisse zu leisten, und endlich hat es sich herausgestellt, dass Todesurteile nicht abschreckender wirken als die Aussicht auf lebenslange Gefangenschaft.

Das ist mit den übrigen Problemen anders. Ob man ein Recht hat, sich zu entleiben, ist bereits fraglich. Zum einen gibt es ja kaum einen Menschen, der nur sich selbst verantwortlich ist. Irgendwelche Bindungen und Verpflichtungen werden existieren, die zu zerstören man vielleicht kein Recht hat. Zum anderen bringen Kamikaze und wandelnde Bomben eine unmenschliche Dimension in die Menschheit. Selbst wenn das Wohl der Nation oder ein Tyrannenmord das zu rechtfertigen scheinen.

Ob Sterbehilfe erlaubt sein soll, ist heute ein Thema geworden. In völlig verzweifelten Fällen meint man zustimmen zu sollen. In einem weiten Bereich aber gewiss nicht. Wo jedoch die Grenze zu ziehen wäre, kann niemand sagen.

So ist es mit der Eugenik: der Erforschung und Pflege der Erbgesundheit. Der Begriff stammt von *Galton* (1883), wurde zuerst in England, dann in den USA und Skandinavien bedacht, und führte bei den Nazis zu den bekannten Rassenexzessen. Der Sache nach geht die Frage darauf hinaus, ob die Reproduktion schwer erbgeschädigter Mitmenschen verhindert werden soll. Aber nochmals: Wo ist die Grenze zwischen leicht und schwer geschädigter Kreatur? Sicher scheint nur zweierlei: Jedes Leben ist zu schützen, und niemand kann sich die Vermehrung schwerer Erbkrankheiten wünschen.

### Hat alle Kreatur denselben Wert?

Das führt zuletzt in eine Wertfrage, die in erster Linie den Menschen, dann aber auch alle Kreatur betrifft.

Hinsichtlich des Menschen hat sie sich an der Diskussion zweier Fragen entzündet, ob im Entscheidungsfall Mutter oder Fötus sterben soll, und ab wann ein menschlicher Keim ein Mensch sei. Die erste Frage hat namentlich die Ärzte, letztere die Kirche beschäftigt.

Ob Mutter oder Fötus zu retten sei, dürfte wohl in den meisten Fällen zu Gunsten der Mutter zu entscheiden sein. Freilich immer in Hinsicht auf die Überlebenschancen der beiden. Bei gleicher Wahrscheinlichkeit aber für die Mutter, weil sich in ihr schon helles Bewusstsein, ein differenziertes Weltbild und eine Vielfalt von Pflichten versammelt haben;

und weil die Reproduktionsschancen für beide gleich groß eingeschätzt werden können.

Was den Klerus betrifft, so hat er von uns Biologen die Bestätigung der Annahme erwartet, dass schon die Eizelle (merkwürdigerweise nicht das Spermium) mit der Befruchtung ein Mensch sei und denselben Schutz beanspruchen dürfe wie jeder Mensch. Es war nicht leicht zu begründen, warum die Instruktion zur Herstellung eines Menschen noch nicht dasselbe sein kann wie das ausgebildete Produkt. Man wird aber vor Augen haben, dass nicht nur die Überlebenschancen einer befruchteten Eizelle viel geringer sind als die eines Neugeborenen. Auch ist sie noch nicht durch Schmerzempfinden, subjektives Erleben oder gar helles Bewusstsein zum Tier, zum Säuger und zum ganzen Menschen geworden. Ich hielt den Herren einmal vor Augen, dass sie es wohl kaum vermöchten, eine Henne ins kochende Wasser zu stecken, dasselbe aber mit ihrem Früstücksei ohne Bedenken tun.

In Bezug auf unsere Haltung gegenüber aller Kreatur hatte bei gleicher Gelegenheit *Konrad Lorenz* ein überzeugendes Beispiel.

Man lege, sagte er, auf einen langen Tisch nebeneinander einen Kohlkopf, einen Regenwurm, Frosch, Vogel, Hund und Schimpansen, und gebe einem Menschen ein Messer, mit dem Auftrag, irgendeines dieser Objekte in der Mitte durchzuschneiden. Wäre es ihm gleichgültig, wo er durchschnitte, müsse er gemeingefährlich sein und gehörte unter Aufsicht.

Gilt derlei auch für alle Arten zusammen? Ist ein solcher Grad über die ganze Organismenwelt zu dehnen? Bedenkt man, mit welchem Gefühl der Rechtfertigung wir allen Plagen begegnen: Bakterien und Parasiten töten, Moskitos, Fliegen und Schaben erschlagen, scheint das so zu sein. Und doch erkennen wir an, dass jede Kreatur ein Recht auf ihr Dasein besitzt, treten für Artenschutz ein und retten bedrohte Arten. Daneben schlachten wir Säugetiere zu Millionen, sehen aber Schlachthöfe nicht gern. So sind wir gemacht.

## Was bleibt von den Evolutionsgesetzen?

Wir können uns, allem Ethos zum Trotz, dem Zerstören nicht entziehen. Bei den uns gegebenen Erhaltungsbedingungen als Konsumenten bleibt auch dem lupenreinen Vegetarier nichts anderes übrig, als Produzenten, also pflanzliche Ordnung, zu zerstören.

In seinem wunderbaren Buch »Was ist Leben« sagt *Schrödinger*: Leben frisst Ordnung. Schon die Pflanze frisst Ordnung, ohne dass das den Nichtphysiker beeindruckte. Aber was wir Konsumenten an bereits organischer Ordnung zerstören müssen, um existieren zu können, hat man leicht vor Augen. Was von dem schon beschworenen Frühstücksei mit seinem Programm, ein lustiges Kücken zu werden, übrig bleibt, dient nur mehr Bakterien und niederen Pilzen zur Erhaltung ihrer Existenz. Und was von deren Zerstörungsarbeit an Substanzen übrig bleibt, geht zurück in den Kreislauf der Biosphäre.

Und alle zusammen, Produzenten, Konsumenten und Reduzenten, sind wir »dissipative Systeme«, das heißt, wir geben Wärme ab, die – in nächtlicher Abstrahlung – aus der Biosphäre in die Kälte des Kosmos abgeführt werden muss. Und wir alle zusammen, wir so anspruchsvolle Menschen natürlich mitgerechnet, müssen mehr Ordnung schaffen, als wir zerstören, und nicht mehr Wärme produzieren, als die Biosphäre abgeben kann, um weiter existieren zu können. Das wird uns in den späteren Kapiteln noch näher beschäftigen.

*Was haben wir gelernt? Nun, wir wiederholen es: Sollten wir Geschöpfe Gottes sein, was ja so schlecht nicht wäre, sind wir jedenfalls wunderlich genug. Und das Erste, das sich schon hier empfiehlt, ist, das Staunen nicht zu vergessen und nicht die Bescheidenheit; was auch nur Elemente der Bildung sind. Dieser Welt auf den Grund zu gehen, sind wir offenbar nicht gemacht; der Hintergrund bleibt dunkel. Dennoch ist Gott aus dem Menschen herausgekommen. Hat also Teilhard Recht?*

*Wer soll das wissen? Es kann des Menschen Ratlosigkeit sein, die ihn Götter erfühlen ließ, um mit dem Schicksal zu verhandeln. Aber auch diese Ratlosigkeit muss ihre Herkunft haben. Ist auch sie gottgemacht, damit wir Gott finden? Und sollte das so sein, ist es gut, dass wir auch das nicht wissen; dass wir, bescheiden, in einer Schwebe bleiben, zwischen einer Welt, deren Hintergrund wir nicht erfassen, und einem Schöpfer, den wir nicht begründen können.*

# Teil 4 Menschwerdung

*Über zwei Millionen Arten bevölkern heute noch unseren Planeten; nun soll nur mehr von einer derselben die Rede sein. Jegliche Kreatur hat beigetragen, die Welt zu verändern; Einzellerschalen wurden zu Kalkgebirgen, die grünen Pflanzen schufen die Sauerstoffatmosphäre, die Korallen Riffe, manch Beitrag anderer ist kaum zu rekonstruieren. Das alles in Hunderten von Jahrmillionen. Die Spezies, zu der wir gehören, verändert die Welt in Jahrhunderten; millionenfach schneller. Ein alarmierendes Zeichen und ein erster Grund, sie aufmerksam zu betrachten.*

## War Menschwerdung eine Notwendigkeit?

Wenn man die Schwierigkeiten betrachtet, welche die technisierte Menschheit der Biosphäre einträgt, scheint die Frage tatsächlich berechtigt, ob die Erde das nötig hatte. Aber solch ein Thema hatten wir schon. Als die Frage auftauchte, warum es auf diesem Planeten nicht bei der vornehmen Welt der Pflanzen bleiben konnte, war festzustellen, dass vorgefertigte Pflanzen-Nahrung eine »Verleitung zur Plünderung« darstellte, sodass Konsumenten einfach entstehen mussten.

Wir stehen wieder vor dem Phänomen der Anagenese und können uns fragen, unter welchen Bedingungen der nächste Schub, die Menschwerdung, oder doch das Entstehen des Genus *Homo*, von der Evolution »durchgesetzt« wurde. Ich unterscheide hier penibel, weil es zu hoffen bleibt, dass wir uns überhaupt erst am Wege zum wahren Menschen befinden.

Es wird wieder um Selektionsbedingungen gehen. Und man erinnert sich, dass bei höher organisierten Arten die biotischen Bedingungen dominieren; dass zwar Klimaänderungen im Hintergrund stehen können, aber Beute, Räuber, Kooperation und Verteidigung die unmittelbaren Herausforderungen werden.

# Die Bedingungen

## Ist Menschwerdung ohne aufrechten Gang denkbar?

Der Klimawandel in Ostafrika, der vom Urwald zur Savanne führte, scheint als kausaler Hintergrund verbürgt zu sein. Die Pollenanalyse in den Bodenschichten dokumentiert das. Die Aufrichtung der dominierenden Kletterer beim schrittweisen Verschwinden der Baumbestände muss eine Folge gewesen sein.

Freilich ist dabei zweierlei zu fordern. Einmal muss für eine solche Änderung eine Disposition vorgelegen haben, die Aufrichtung muss als Möglichkeit im Bauplan und im Verhalten vorbereitet gewesen sein. Offenbar war das der Fall. Wir kennen dies von Schimpansen, und noch deutlicher jüngst von den Bonobos, einer kleineren, zarteren Gruppe ihrer Verwandten. Beide können nicht nur auf zwei Beinen laufen, aufgerichtet wird gerannt, gerauft und, noch wichtiger, imponiert. Zum Trommeln auf der Brust und zum Wüten mit einem Prügel muss man stehen.

Ein andermal muss der Selektionsdruck über lange Zeit und ohne Alternative angehalten haben. Bekanntlich richten sich viele höhere Säugetiere auf. Man denke nur an Bären und Mungos. Aber wenn es darauf ankommt, schnell weiterzukommen, geht's auf allen vieren.

Andere Säuger, wie Eichhörnchen und Waschbären, haben sogar die Hände (oder Pfoten) von der bloßen Fortbewegung freibekommen, Nahrung kann dann auch gehandhabt werden. Etwas, das schon die urtümlichsten Affen können. Aber Fingerfertigkeit wurde auch bei Waschbären nicht durchgesetzt. Was nötig ist, geht auch ohne dieselbe. Es ist schade, dass sie es nicht zu menschenähnlichen Leistungen brachten. Für die Menschwerdung aber wird der Vorgang wichtige Konsequenzen haben.

Die Aufrichtung schon der Vorfahren unserer Gattung muss durch die Notwendigkeit zu rennen durchgesetzt worden sein; vielleicht auch, um über das Steppengras hinaus zu sehen. Denn zweifellos hat sich der Schutz vor Raubzeug, welchen Baumbestände boten, reduziert; und beim Rückgang der Baumfrüchte musste wohl zudem bewegliche Beute gemacht werden. Wie auch immer; die fossile Dokumentation zeigt die Veränderung des Skelettes eindeutig, und zwar über einen Zeitraum von fünf Millionen Jahren.

Übrigens haben auch wir heutigen Menschen die Aufrichtung noch nicht ganz bewältigt. Die so genannten »Konstitutionellen Leiden« zeigen den Nachholbedarf; von oben nach unten aufgezählt: Schwindel, Bandscheibenschwäche, Leistenbruch, Hämorriden, Krampfadern und Senkfüße. Auch tragen wir den Kopf noch immer etwas hängend, wie alle unsere Vorfahren. Nur Blinde balancieren den Kopf ganz auf der Wirbelsäule. Dadurch kann man sie, wenn sie stehen, schon von hinten erkennen. Vergleichsweise tragen sie den Kopf etwas mehr nach hinten geneigt.

Zur Menschwerdung wäre es wohl ohne den aufrechten Gang nicht gekommen. Von den weiteren förderlichen Konsequenzen der Aufrichtung soll noch die Rede sein. Aber die Aufrichtung allein, wie Kängurus, Strauße und Pinguine zeigen, leitet noch lange nicht höhere Leistungen ein.

## Warum ist das Hirn so schnell gewachsen?

Das Werden höherer Leistungen beim Menschen muss noch ganz andere Gründe haben. Ich halte dafür, dass das Überleben schon der Vorfahren unserer Gattung, der Australopithecinen (oder Südaffen), von der Kooperation in der Gruppe abhing. Auch dafür dürften sie schon disponiert gewesen sein, wie es heute noch die meisten Menschenaffen zeigen.

Es waren aber kleine Wichte mit kaum einem Meter Stehhöhe und, im Vergleich mit den sie umgebenden Nashörnern, Raubkatzen und Büffeln, noch dazu so gut wie waffenlos. Allein die Verteidigung, mit gemeinsamem Gekreisch in der Phalanx, mit Drohgebärden, vielleicht mit Stöckeschwingen und später mit Steinewürfen, verlangt Organisation.

Gesetze der Arterhaltung verlangen nämlich, dass sich die stärksten, die Alpha-Tiere, sofort an die Front verfügen, wie wir das heute schon von den Pavianen kennen. Und das setzt eine immer wieder den Kräfteverhältnissen entsprechend nachsortierte hierarchische Strukturierung der Horde voraus. Übrigens eine Hierarchie von Rängen, die sowohl durch Privilegien belohnt wird, als auch eine Korrelation von Rang und Risiko einschließt. Front vor einer Großkatze zu machen, ist lebensgefährlich. Kneift aber einer, was sich noch dazu vor aller Augen abspielt, verliert er allen Rang, seinen Harem, und darf wieder von allen gescheucht werden.

Wir werden später noch sehen, in welch gefährlicher Weise sich diese Korrelation von Rang und Risiko in unserer Massengesellschaft umkehrt.

Aber nicht nur auf die Kräfteverhältnisse kommt es an. Man muss in allen Tagessituationen wissen, mit wem man koalieren, versteckt kopulieren kann, und vor wem man sich, und in welchem Zusammenhang, zu hüten hat. Das verlangt, für das Wohlergehen des Individuums, wie für die Arterhaltung, ein derartiges Maß an Umsicht in den organismischen Lebensbedingungen, wie eine solche von den organischen und anorganischen Faktoren, Futter und Klima, niemals abverlangt wird. Man kann von einem »sozialen Werkzeug« sprechen.

Man wird das nicht gleich mitvollziehen. Wenn man aber bedenkt, dass der stete Wechsel von Erfahrungen, Launen und Bünden verlangt, fast täglich umzulernen, wird man den Umfang der neuen Aufgabe erahnen. Und man wird mir bestätigen, dass auch für unsere eigenen Lebensbedingungen und unsere Lebensqualität weniger Wetterlagen, Früchte und Hühner eine Rolle spielen, als vielmehr eben die Launen im Familienkreis, in der Chefetage, die Bünde und Absprachen für oder gegen einen, und für manchen Menschenschlag auch Heimtücke und Rauferei.

All das verlangt größere Speicher für Gedächtnisinhalte, Flexibilität und Kombinatorik. Man muss erwarten, dass in der Entwicklung unserer Vorfahren grausam eliminiert wurde, so manche Fehler mussten tödlich gewesen sein. Und das jeweils zu etwas mehr Kapazität angelegte Gehirn muss dem Einzelnen und über viele Einzelne der Arterhaltung gelohnt worden sein.

Freilich ist Hirnvolumen noch nicht gleich Kapazität. Schon bei gesunden, rezenten Menschen variiert das Hirnvolumen um fast einen halben Liter, ohne dass das mit Leistung und Intelligenz korrelierte. Diese Einsicht mag mein Feldwebel nicht besessen haben, wenn er mich anschnauzte: ich möge das Denken den Pferden überlassen, denn die hätten die größeren Köpfe. Bei Säugern gibt es ein ziemlich konstantes

Verhältnis von Hirn- und Körpergewicht. Und die auch relativ schweren Gehirne haben wir Menschen und, interessanterweise, die Delfine.

Man vergesse darum nicht, dass der Neandertaler unser durchschnittliches Hirnvolumen um einen halben Liter übertraf. Aber dazu kommen wir noch.

## Wie sind Handfertigkeit und Sprache entstanden?

Das Wachstum der Gehirne hat sich bei den Australopithecinen zunächst zögernd entwickelt, nahm mit der Gattung *Homo* rasch zu und hat bei den Neandertalern einen Höhepunkt erreicht. In nur eineinhalb Jahrmillionen wuchs es von einem halben auf zwei Liter Volumen.

Zur Menschwerdung haben aber gewiss noch zwei neue Herausforderungen beigetragen, die das wachsende Gehirn ebenso verfügbar machte, wie es diese nochmals förderte: Handfertigkeit und Sprache. Und es darf angenommen werden, dass die beiden sogar ineinander wirkten, dem Individuum und der Art beträchtliche Vorteile brachten, ergo von der Selektion kräftig angetrieben wurden.

Wieder sind Dispositionen, nun deren zwei, vorausgesetzt. Die Primaten haben schon von Anfang an die Anlage, die Hand ist frei benützbar. Das wurde schon erwähnt. Hinzu kommt aber, dass sie bei dieser urtümlichen Anlage geblieben sind. Sie haben keine der Spezialisationen, wie wir sie von anderen Säugergruppen kennen, ob Huftiere, Fledermäuse, Raubtiere oder Delfine, mitgemacht. Diese Disposition ist also uralt.

Auch die Stimmorgane werden, wie wir das von den rezenten Affen kennen, vorhanden gewesen sein; wenn auch, bis auf einige Warnrufe, Freundschaftsgeschnatter, Aggressions- und Angstgeschrei, wenig differenziert. Man hat Menschenaffen, trotz großer Aufwände, nie zu differenziertem Sprechen bringen können. Wobei sich zeigte, dass das nichts mit ihrer Intelligenz zu tun hat, vielmehr mit der Lage von Kehlkopf und Gaumen. Auch bei unseren Kleinkindern kommt der Kehlkopf erst allmählich in die geeignete Lage. Auf die Frage, warum es denn Menschenaffen zu keiner Sprache brachten, meinte auch ein Primatologe: »weil es keine Ursache gibt, sich etwas zu sagen«.

Über das Werden der Handfertigkeit sind wir naturgemäß durch die verbliebenen Steinwerkzeuge und Knochengeräte gut unterrichtet. Es führt über die groben Faustkeile der Altsteinzeit, in einer wieder zunehmend steilen Entwicklung zu erstaunlich fein gearbeiteten Schabern, Ahlen und Messern.

Über die Differenzierung der Lautsprache dagegen weiß man begreiflicherweise wenig. Im Vergleich zu den Menschenaffen ist die Zunge des Menschen beweglicher und der Kehlkopf tiefer gesunken. Fossil ist dafür nur der Gaumen ein Indiz. Er hat sich zunehmend gewölbt. Das muss der Zunge Spielraum gegeben haben. Und kann durch die Selektion auf bessere Artikulation gefördert worden sein. Bedenkt man zudem die Differenzierung der Werkzeuge, das Werden von Hausrat (zunächst »Höhlenrat«), Bauten und »Bekleidung«, so muss sich mit diesen auch die Sprache entwickelt haben.

### Wann haben sich die Hirnhälften spezialisiert?

Zu den interessanten Befunden der letzten Jahrzehnte gehört die Spezialisierung der Hirnhälften des Menschen. So beispielsweise wird die Sprachfähigkeit fast stets vom Schläfenlappen der linken Hemisphäre aus entwickelt. Dort ist auch der Sitz des Bewusstseins. Was aber kann man vom Alter dieser Spezialisierung, der so genannten Lateralisation, wissen? Tatsächlich Einiges.

Es zeigte sich zunächst, dass eine solche Art von Lateralität mit Rechtshändigkeit korreliert. Man besitzt nun Tierknochen von eiszeitlichen Mahlzeiten mit Schabspuren. Und aus diesen ist zu lesen, dass mit der linken Hand gehalten, mit der rechten geschabt wurde.

Von Primaten – wie wir feststellten, die einzige Ordnung der Säugetiere, in welcher alle Arten die Hände auch frei benützen – ist diese so genannte »Händigkeit« oft untersucht worden, ohne dass bei unseren nichtmenschlichen Verwandten Rechtshändigkeit eindeutig geworden wäre. Die Lateralität kann darum mit der Menschwerdung zusammenhängen. Und es entsteht die Frage: warum? – da es sich doch um eine universelle Ausstattung aller rezenter Menschen zu handeln scheint, die noch eine ganze Reihe weiterer Spezialisierungen enthält.

Verlässliches weiß man nicht darüber. Ein nahe liegender Gedanke ist es, an eine Arbeitsteilung zu denken; auf gleichem Raum mehr an differenzierter Leistung unterzubringen. Warum aber auf gleichem Raum? Hätten Gehirnvolumen und Schädel nicht weiter wachsen können? Tatsache ist, dass das Gehirnvolumen seit den Neandertalern nicht weiter gewachsen ist. Diese Formen, mit den erwähnten zwei Liter Hirnvolumen, sind assimiliert, erschlagen oder vertrieben worden; jedenfalls verschwunden.

Alle späteren Ausbildungsformen der Menschen zeigen das Hirnvolumen auf rund eineinhalb Liter eingependelt. Mochte die Beckengröße bei der Geburt eine Grenze gesetzt haben? Jedenfalls haben unsere Neugeborenen zwar schon alle Ganglienzellen, aber nur einen halben Liter Hirnvolumen. Das Gehirn wird erst später »aufgeblasen«, offenbar um die Geburt zu erleichtern oder überhaupt zuzulassen.

Sollte die Lateralisation über Raumersparnis damit zusammenhängen? Niemand weiß das. Meine, noch wilde, Hypothese soll nur einen Denkansatz bieten. Ihr spricht der Umstand entgegen, dass es beträchtliche Hirnareale gibt, denen eine Funktion bislang nicht zugemessen werden konnte. Wie aber kämen funktionslose Teile ins Gehirn? Sie werden alle ins Geschehen einbezogen sein.

# Die Produkte der Menschwerdung

## Sind Menschen eine Fehlplanung Gottes?

Vielerlei meint man der Schöpfung vorwerfen zu müssen. Sollte ein Paradies auf Erden geplant gewesen sein, so ist es jedenfalls nur teilweise gelungen. Vielleicht hätte man die Bedingungen im Urknall anders einstellen können. Aber wir sind damals nicht gefragt worden, vielmehr erst relativ spät entstanden. Und wir gewinnen allmählich immerhin so viel Einblick in die Gesetze der Evolution, um anzuerkennen, dass das Werden des Menschen, eine, wenn auch zunächst ganz unwahrscheinliche Möglichkeit, über das Werden der Wirbeltiere, Säuger und Menschenaffen, zur Notwendigkeit geworden ist.

Gewiss erweist sich der Mensch als ein Risiko für sich selbst, für die Biosphäre, vielleicht sogar für die Erde. Aber diese Klagen sind neueren Datums. Nichts von derlei Art ist in den vergangenen Jahrhunderten geäußert worden. Es sind aber auch erst wenig über hundert Jahre, dass wir uns in einer globalen Weise gefährlich werden. So ist die Wachsamkeit, die sich in den Klagen ausdrückt, willkommen; und die Säkularisierung des Kommentars sei vorerst hingenommen.

Ich habe mich bemüht, darzulegen, dass diese Welt, und so auch die Produkte der Evolution, von einer poststabilisierten Harmonie sind. *Konrad Lorenz* bemerkt, dass der liebe Gott den Menschen auf zwei Beine stellte und nun die Hand von ihm genommen hat, um zu sehen, ob er steht. Tatsächlich schwankt er. So ist es. Und wenn meine Ansicht von jener poststabilisierten Harmonie stimmt, dann ist es unsere ganz eigene Sache, darauf zu sehen, dass er steht.

Gewiss sind wir, durch Sprache und hell werdendes Bewusstsein, Macht und Anmaßung, über das Tierreich hinaus entwickelt, zu einem Zauberlehrling der Evolution geworden. Das ist für alle Wesen ein Problem. Lösen aber müssen wir es allein.

## Ist unser Gehirn ein Extremorgan?

Was immer uns die Menschwerdung an neuen Produkten applizierte, das riesige Gehirn stand ihnen wohl allen Pate. Es ist, biologisch gesehen, ein Extremorgan. Darunter versteht die Zunft ein Organ, das allen anderen Organen in der Entwicklung davongelaufen ist, mit diesen daher auch etwas den Kontakt verlor.

Nach dem ersten Teil dieser Bestimmung gehörten auch die Beine des Straußes dazu, der Rüssel des Elefanten und der Zahn des Narwals. Diese Organe sind aber, so extrem sie auch sein mögen, in die jeweilige Gesamtorganisation integriert. Bestimmender ist also der zweite Teil der Definition. Und man muss dazufügen, dass den Biologen extreme Organentwicklungen aufgefallen sind, die sich gegen die Arterhaltung wenden, diese also gefährden.

Man mag überrascht sein, dass derlei in der Evolution möglich ist, da diese ja stets in Richtung auf Überlebenschancen zu selegieren scheint. Der scheinbare Widerspruch löst sich, wenn man »inter-« und »intraspezifische Selektion« unterscheidet. Das klingt etwas technisch, ist aber einfach.

Interspezifisch meint die Selektion zwischen Arten: Räuber-Beute-Verhältnisse, Konkurrenz um Nahrung, Lebensraum usf. Intraspezifisch bezeichnet Konkurrenz innerhalb der Art; etwa um Ränge, Brutgebiete und Weibchen. Sie verläuft gefährlich schnell und kann sich tatsächlich gegen die Art wenden. Es ist sehr wahrscheinlich, dass die exorbitanten Eckzähne der Säbelzahntiger und die ebenso überdimensionalen Geweihe der Riesenelche, als Männlichkeits-Supersymbole, durch stets einseitige Partnerwahl der Weibchen herausgezüchtet wurden. Beide Arten sind ausgestorben. Und man kann sich vorstellen, dass die einen kaum mehr jagen, die anderen kaum mehr durch die Wälder laufen konnten.

Diese Hypothesen stützen aber auch rezente Vorgänge. So sind die Männchen des Argusfasans, dank der herausgezüchteten Längen der Federn, schon bald flugunfähig. Und manchen Männchen der Paradiesvögel mag es unter strengeren Selektionsbedingungen bald ebenso ergehen. Solche Beobachtungen haben die Biologen erst so recht auf das Phänomen aufmerksam gemacht.

Ist also unser Gehirn ein Extremorgan? Nach dem ersten Teil der Bestimmung gewiss. Kein anderes Organ der Affen hat sich allein im Volumen verdreifacht. Aber auch nach dem strengeren Teil der Bestimmung trifft das zu. Kaum ein anderes Organ ist ihm adaptiv gefolgt. Beispielsweise haben wir uns mithilfe des Gehirns (über Autos und Flugzeuge) Geschwindigkeiten zugelegt, die unseren Körper zu Brei zerschellen lassen können. Kein Säugetier vermag sich so schnell zu bewegen, dass es an seiner Eigenbewegung zu Grunde gehen könnte. Dort hat die Evolution eine schützende Hand darübergehalten; vom Menschen hat sie die Hände genommen.

Es kann also sein, dass sich dieses Organ sogar gegen unsere Erhaltungschancen wendet. Und das ist wohl wieder aus den Bedingungen intraspezifischer Selektion zu erklären; wenn auch von außen angeleitet. Um mit dem Höhlenbären zurechtzukommen, bedurfte es dieser Hirngröße nicht. Das schaffen auch andere Arten. Die Vorteile der Cleverness innerhalb der Horde, und die zwischen konkurrierenden Menschenhorden, mag das über Jahrtausende angetrieben haben.

Zu den auffallendsten Wandlungen auf dem Weg zur Physis des Menschen gehört der Verlust des Fellkleides oder dessen Reduktion auf die Hirnschale, auf Scham- und Achselbehaarung und, je nach Geschlecht und geografischer Variation, auf Teile des Gesichts.

Wann sich das vollzogen hat, wissen wir nicht. Nur dass die Moor- und Eisleichen nicht mehr bepelzt waren, ist bekannt. Diese sind aber nur wenige Jahrtausende alt, wie etwa frühe ägyptische Mumien. Nachdem aber selbst Afrikaner und Ostasiaten eine ganz entsprechende Reduktion des Haarkleides aufweisen, wird das Prinzip sich früh durchgesetzt haben: wohl vor der Zeit der Ausbreitung des modernen Menschen.

Zweierlei Fragen ergeben sich: Warum hat sich der Pelz gerade auf jene wenigen Stellen zurückgezogen, und warum ist er überhaupt verschwunden? Zur Beantwortung der ersten gibt es funktionelle Plausibilitäten.

Achsel- und Schamhaar mag der Aufnahme und der Verdunstung von Schweiß nützlich geblieben oder geworden sein. Denn diese Stellen sind bei Menschenaffen durchaus nicht besonders stark behaart. Das Kopfhaar kann der Thermoregulation dienen, zu starke Sonneneinstrahlung genauso wie Unterkühlung zu dämmen.

Was die Augenbrauen betrifft, so scheinen sie die Augen etwas vor tropfendem Schweiß und Regen zu schützen. Sie haben aber zudem eine Signalfunktion erworben im Zusammenhang mit dem so genannten »Augengruß«. *Eibl-Eibesfeld* weist nach, dass alle Völker, die er kennen lernte, mit Heben der Brauen grüßen. Wieder fragen wir uns: Wenn das eine menschliche Universalie ist, wie alt muss sie sein?

Und was schließlich den Bart betrifft, wird er wohl auch ein Symbol darstellen: ein Männlichkeitsmerkmal. Das deutet die Behaarung auch mancher Affenmänner an sowie die Sehnsucht unserer Jünglinge nach dem ersten Flaum. Dabei mögen Frauen vieler Kulturen Bärte nicht. Bei uns, meint man, ist er eher zu einer Drohgeste und Imponier-Requisite unter Männern geworden. Es ist aber zuzugeben, dass Barthaar bei den Männern einiger Völker eher Senilität ausweist, und dass es auch an so manchen gereiften Damen sprießt.

Wie gesagt, es ist eine ganz andere Frage, warum die Körperbehaarung überhaupt so stark reduziert wurde. In diesem Zusammenhang sind alle eingeladen, mit schöpferischen Ideen die Forschung zu beflügeln. Die fantastischste der angebotenen Theorien nimmt an, dass der frühe Mensch eine Art aquatisches Leben geführt haben könnte. Schließlich haben ja auch Delfine und Wale, bis auf Reste der Vibrissen, kein Haar mehr. Wo aber wäre dann deren Speckschicht geblieben? Aber Spaß beiseite: Kaum etwas, in aller Dokumentation, deutet auf solch eine aquatische Geschichte.

Ernster ist die Vermutung zu nehmen, dass das Leben unter Verdecken, Höhlen und Fellbehängen der Haut zu viel an Besonnung und dem Menschen damit jene Vitamine entzog, die dort unter Bestrahlung entstehen. Den Pelz schütterer und zuletzt verschwinden zu machen, mag dem gegengesteuert haben.

Und noch eine physiologische Bedingung ist bedenkenswert: Der moderne Mensch dürfte seinen Pelz schon im heißen Afrika verloren haben. Es muss also auch Kühlung, namentlich für das Gehirn, bedacht werden. Diese Kühlung erfolgte, wie bei unseren Hunden, in den Nasenhöhlen der großen Affenschnauzen. Also hängen Nasenraum und Fell zusammen. Bei kleinerer Schnauze ist die Kühlung der Haut zu überlassen. Wie Pelzreduktion auch kleinere Schnauzen erklärt. – Übrigens haben die frühen Griechen umgekehrt das Gehirn für den Blutkühler gehalten. Aber das ist lange her.

Es kann aber auch sein, dass schon die ersten Fellumhänge die übliche Verlausung in Exzesse trieben. Denn man möge bedenken, dass durch Bekleidung mit dichter Behaarung allem Ungeziefer ein noch nie da gewesenes Paradies geschaffen werden konnte. Es mag also sein, dass geringere Behaarung nicht nur dem Einzelnen einiges von dem Übel ersparte, sondern auch die Akzeptanz in der Gruppe förderte und damit den letztlich steuernden Fortpflanzungserfolg. – Es mag aber Kleidung überhaupt Fell unnötig gemacht haben.

Ich möchte glauben, dass es sich, wie meist bei einschneidenden Änderungen, um multifaktorielle Zusammenhänge gehandelt haben wird. Und ich denke, dass das »Grooming«, die Fellpflege des Partners, die eine bedeutende Rolle im Sozialverkehr der Primaten, namentlich der Menschenaffen, spielt, mit der Fellreduktion zu tun haben kann. Denn gewiss ging es beim Grooming zunächst um die Entfernung der Parasiten, dann auch um Körperkontakt und Bindung; beides also ein Nachweis von Zuneigung. Konnte dann nicht, bei geringerer Verlausung, der Körperkontakt bei jenen Individuen stärkere Bindung erleben lassen, die weniger behaart waren?

Wie gesagt, auf diesem Gebiet ist Fantasie noch am meisten gefragt, oder doch das Wundern. Dass wir aber »Nackte Affen« sind, bleibt unbestritten.

### Welche Wurzeln hat unser Sexualverhalten?

Nicht minder erstaunlich ist es, in welcher Weise sich das Sexuelle im Vergleich zu unseren nächsten Verwandten, Schimpansen und Bonobos, gewandelt hat. Aber auch in diesem Zusammenhang sind Dispositionen vorgegeben; zunächst im Verhalten.

In den meisten Ordnungen der Säugetiere ist von einem Sexualleben kaum zu sprechen. Die Kopulationsbereitschaft ist auf ganz bestimmte, kurze Zeiten beschränkt, und der Vorgang selbst scheint eher zwanghaft als lustbetont. Naturfilme zeigen gern kopulierende Löwen und Elefanten, sodass ich darauf vertraue, dass sich auch der Laie ein Bild gemacht hat.

Bei unseren nächsten Verwandten ist das schon anders. Bei Schimpansen, wie bei manchen anderen Spezies, hat die Kopulation soziale Funktionen hinzugewonnen. Aufreiten dient keineswegs immer der Vermehrung, viel öfter aber als Dominanzgebärde. Und schon das Zeigen des erigierten Penis hat diese Funktion. Man spricht von Genitalweisen. Das gilt auch für die Weibchen, nur mit umgekehrter Bedeutung. Zumeist ist die Stellung der Weibchen, die zur Kopulation einzuladen scheint, nur eine Demutsgebärde.

Das ist besonders bei Bonobos in dem Maße ausgeprägt, dass der Geschlechtsverkehr, vielfach nur kurz oder bloß angedeutet, schon die Bedeutung von Verständigungen oder Begrüßungen annimmt. Und nimmt man dazu die Kinder in Betracht, die bei diesen Ereignissen auch noch auf den Erwachsenen herumreiten, dann macht das Ganze den Eindruck eines Spiels.

Dispositionen einer Erweiterung der Kopulation in Richtung auf soziale Funktionen sind darum auch bei unseren

Vorfahren anzunehmen. Und man wird mir einräumen, dass sich dies auch beim rezenten Menschen erhalten hat. Der intime Verkehr kann immer noch und bei allen Völkern die stärksten sozialen Bindungen schaffen.

Promiskuität ist bei vielen Naturvölkern keineswegs geächtet. Und wenn sie schief angesehen wird, dann eher in dem Sinne, dass man Zuneigungen besonderer Art Dritten und Vierten missgönnt. Das ist freilich bei jenen Stämmen besonders ausgeprägt, die den Zusammenhang zwischen Kopulation und Befruchtung nicht kennen.

Es ist bekannt, in welch vielfältiger Weise Kulturen mit dieser Anlage umgegangen sind. Sie hat gruppenbildende Funktion. Dabei dominieren zunächst Harems jene Bünde, in welchen sich eine Frau eine größere Anzahl Männer hält. Das kehrt sich bald um und wird mit dem Dominanzstreben der Männer zusammenhängen, kann aber auch durch den höheren Reproduktionserfolg des Haremtyps gefördert worden sein.

Promiske Gruppierungen in unserer Zeit bieten sich in Wohngemeinschaften an. In Großgruppen, und als promiskuid vorgesehen, sind sie in Form der Kommunen immer wieder versucht worden. Aber auch diese gliedern sich früh in Hierarchien von Zusammenordnungen und überleben eine Generation kaum. Als Ursache der Auflösung wird angegeben, dass die hierarchische Ordnung intimen Verkehrs durch andere Hierarchien, die auf wirtschaftliche Erfolge außerhalb der Kommunen zurückgehen, zerstört werden kann; ein Konflikt zwischen Experiment und Establishment. Denn nach wie vor bevorzugen Weibchen die Gruppenführer.

Die Lösung, die unsere Gesellschaft für das Sexualverhalten vorsieht, basiert auf der Einehe. Auch keine Erfindung des Menschen, denn sie ist auch im Tierreiche, beispielsweise bei Graugänsen, die Regel. Sie scheint im Altertum als Wirtschaftsvertrag entstanden zu sein, hat die Kinderstube im Auge, schloss aber Konkubinen nicht aus. Das Hetärenwesen hat damit zu tun, das man nicht mit Bordellen verwechseln darf.

Die Kirche hat daraus eine Besiegelung ewiger Liebe installiert, was manchen Ehen Schwierigkeiten bereitet. Und diese laufen darauf zu, dass man einen geliebten Menschen nicht teilen möchte, gelegentlich aber seine eigene Teilbarkeit entdeckt. Das aber gehört schon in ein späteres Kapitel.

Was sich gegenüber dem Tierreich besonders gewandelt hat, das sind die sexuellen Signale. Bei unseren nächsten Verwandten wird Empfängnisbereitschaft der Weibchen nicht nur durch das Verhalten, sondern vielfach auch durch Schwellung des Genitalbereichs äußerlich deutlich gemacht.

Beim Menschen ist das bekanntlich nicht der Fall. Die Ursache kennen wir nicht. Dennoch versucht man der Sache zunächst einmal theoretisch beizukommen. Es kann sein, dass das mit dem aufrechten Gang zusammenhängt, welcher die primären Geschlechtsmerkmale des menschlichen Weibchens nun eher verbirgt. Wir können aber getrost erwarten, dass die Ursachen ungleich differenzierter sein werden. Diese Verdeckung mag als Schutz entstanden sein, Schwangerschaften nicht fortgesetzt herauszufordern, es kann aber ebenso gut mit der Förderung sozialer Beziehungen zusammenhängen, seine Bereitschaft zur Herstellung verlässlicher Beziehungen, mithilfe des intimen Verkehrs, nicht auf kurze Zeiten zu beschränken; vielleicht sogar mit beidem.

Als gewiss gilt nur, dass die Mammae der Affenweibchen nur in der Zeit der Milchproduktion und deren Vorbereitung angeschwollen sind. Beim menschlichen Weibchen bleibt ein Großteil der Schwellung von der Pubertät bis weit über die Reproduktionszeit konstant erhalten. Das ist merkwürdig und hat zu vielerlei Spekulationen Anlass gegeben.

Die wunderlichste unter den Hypothesen nimmt an, dass die Brüste als Substitut für die weiblichen Gesäßbacken zu verstehen wären. Und zwar deshalb, weil die einladende Optik des Gesäßes, wie sie bei unseren vierbeinigen Vorfahren auch durch die Kopula »*a parte posteriore*« gegeben war, durch den aufrechten Gang und das häufigere Sitzen an Appell verlieren musste. Es gibt aber Anthropologen, die meinem Gegenargument zustimmen, dass schon die Ähnlichkeit des Vergleichspaares nicht überzeugend ist; ganz abgesehen von deren wenig vergleichbaren Funktionen. Es sei denn: zwei weiche Rundungen in Händen haben zu können. – Übrigens waren die Griechen der Ansicht, dass nur der Mensch den Gesäßmuskel (*Gluteus*) besäße, weil die Tiere nicht sitzen.

Viel eher sollte an ein Bereitschafts-Signal gedacht werden, an die Andeutung, für die Knüpfung verlässlicher Beziehungen, auch über den Weg intimer Kontakte, und unter geeigneten Umständen, stets bereit zu sein. Ich kann angeben, dass Feministinnen derlei Unterstellungen, auch unter Ansehen ihrer eindrucksvollen Brüste, zurückweisen. Man bedenke aber, dass unter Konkurrenz der Reproduktionserfolg der Weibchen nur durch Locken Erfolg haben kann. Männchen sind kaum zu vergewaltigen. Wenn wir dieser Veränderung eine Jahrmillion Entwicklungszeit geben, was sehr wahrscheinlich ist, und einer Generation im Mittel zwanzig Jahre, dann stehen einander immerhin fünfzigtausend Generationen konkurrierender Weibchen gegenüber. Und das angesichts der uns schon bekannten Schnelligkeit intraspezifischer Selektion.

Für eine solche Selektion spricht auch das Faszinosum, das Brüste auf Männchen auch unserer Gesellschaft ausüben. Wobei schwer zu sagen ist, ob hier ein rein sexueller Appell vorliegt, eine Indikation von Gesundheit und Stillfähigkeit, die bekanntlich mit dem Umfang von Brüsten nicht korreliert, oder ob daraus ein ästhetisches Argument sublimiert wurde.

Wie das immer sein mag: In der Geschichte unserer Kultur sind Brüste immer präsentiert worden – von den Fruchtbarkeitsfigurinen der Eiszeit, über die kretische Schlangengöttin, alle Moden und Dekolletees bis hin zu den Oben-Ohne-Bädern und -Serviererinnen. Ich meine, dass das Signalargument zu bedenken bleibt.

Die zeitgenössische Anthropologie hat diese Geschichte der Brüste hingenommen und befasst sich eher mit Studien, die nachweisen, dass die Körpersprache der Weibchen und versteckte Duftstoffe beider Geschlechter doch noch Signalcharakter haben könnten. Da ist wohl etwas dran. Wir wollen dies hinnehmen.

## Woher stammen die Verhaltensunterschiede der Geschlechter?

Was die Rolle der Geschlechter betrifft, ist es trivial, aber empfohlen, mit dem Faktum zu beginnen, dass deren Funktion bei der Fortpflanzung höchst verschieden ist. Biologisch genommen sind Männchen, ob bei Schimpansen oder Menschen, so ausgestattet, dass sie mehrere Weibchen pro Woche schwängern könnten; Weibchen werden jedoch nur einmal pro Tragezeit schwanger oder trächtig.

Daran schließen die Rollen an. Zunächst ist davon auszugehen, dass die Funktion der Kopulation für die Befruchtung über lange Zeiten der Menschwerdung unbekannt war. Und noch immer gilt: »*Pater semper incerte*«.

Unter solchen Bedingungen muss erwartet werden, dass sich in den Populationen die genetische Ausstattung jener Männchen durchgesetzt haben muss, die ihren Samen möglichst weit applizierten. Und es ist ihren rezenten Nachkommen nicht zu verdenken, dass ihnen diese Anlage erhalten blieb. Natürlich rede ich damit nicht jeder Libertinage das Wort; vielmehr bemühe ich mich um ein Verständnis für die nicht unbekannten Schwierigkeiten, die das heute noch beiden Geschlechtern machen kann.

Dennoch bleibt zu bedenken, dass paargebundene Männchen im Tierreich nicht selten sind. Etwa wo widrige Lebensumstände beide Partner an die Aufzucht binden. Sollte das beim Menschen nicht gegolten haben? Schafft die soziale Unterstützung der allein erziehenden Mütter darin neuerdings veränderte Bedingungen? Und ist es richtig, dass Familienkinder die besseren Chancen haben? Vieles deutet darauf hin.

Sollte sich aber die Grundfunktion erhalten haben, so verstünden wir die Merkwürdigkeiten hinsichtlich der psychischen Austattung der Männer, die, seit dem klassischen Sagenschatz, längst Stoff der Literatur wie des Witzblattes geworden sind: die belachte wie beweinte Neigung der rezenten Männchen, die heiße Liegestatt, selbst den Ort der Handlung, bald wieder zu verlassen. Hier ist Reflexion empfohlen: Den Männchen unserer Vorfahren musste es – und eben über jene fünfzigtausend Generationen – immer wieder nahe liegen, das betreffende Weibchen rechtzeitig zu verlassen, bevor man von dessen wirklichem »Besitzer« bedrängt wurde. Freilich wachen die Alpha-Männchen über ihren Harem. Es entsteht aber der Eindruck, dass die gewitzten Jungmänner, die man »sneaker« nennt, in der Summe den verlässlicheren Reproduktionserfolg haben.

Nun ist bekannt, dass biologische Argumente nicht reichen, um gesellschaftliche Zusammenhänge zureichend aufzuklären, aber auch, dass die tieferen Schichtgesetze durch die höheren hindurchreichen und daher für Aufklärungen notwendig sein können. Und vielerlei sitzt, noch kaum bemerkt, in der Tiefe unserer Seele.

Ganz anders die Anlage des Verhaltens der Weibchen. Schon bei unseren rezenten Nächstverwandten fällt auf, dass sie von den hierarchisch höherstehenden Männchen nicht nur in den Harem gedrängt werden, vielmehr sich auch selbst gerne in denselben begeben. Und das ist höchst nahe liegend, weil sie meist die Schwächeren und oft hochschwanger – mit einem Kind an der Hand – sind und, angesichts der steten Auseinandersetzungen, dort Schutz finden. Einen Schutz, dessen sie nicht nur individuell bedürfen, denn über allen Weibchen liegend steigt er zu arterhaltender Bedeutung auf.

Die psychische Ausstattung wird darum eine hohe soziale Intelligenz gefordert haben. Und bedenkt man die Funktionen der Weibchen unserer menschlichen Vorfahren, so wird deren Polymorphie von Menses, Schwangerschaft, Niederkunft, Sammeln, Säugen, Beschwichtigen von Kinder- und Nachbarquerelen, schließlich Pflanzen und Horten, auch ein holistisch-mehrdimensionales Denken gefördert haben. Das mag die heutige Disposition zu gefühlsgelenkter, unbestimmt-weitsichtigerer Prognostik angeleitet haben, auch zu höherer Wortflüssigkeit und verlässlicherem Verkehr zwischen den Hemisphären, der sich auch hirnanatomisch darstellt.

Seitdem unsere Kultur den Zusammenhang zwischen intimem Verkehr und Schwangerschaft erfasst hat, kann das archaische Schutzbedürfnis nun die Person bestimmen, von der dieser Schutz zu fordern ist. Und das lässt unsere Frauen recht umsichtig ihre Partner nicht nur nach Einfluss und Stärke, sondern nicht minder nach der zu erwartenden Treue und Verlässlichkeit wählen. Sie sind es dann auch, welche die neuere Formung unserer Eigenschaften selegiert haben.

Auch das ist längst Stoff der Weltliteratur und hat besonders in den Frauenromanen eine hohe Verdichtung gefunden, in der die Wärme des Lagers, das Aneinanderbleiben, die Seelenverschmelzung und die Segnungen der Dauer die Rolle überhöht weiterspielen.

Ich will aber zum Schluss auch nicht die Unterschiede erotischen Erlebens und pornografischer Interessen verschweigen, weil auch diese auf einer langen Geschichte zu beruhen scheinen. Die Männchen der Säugetiere konnten ihren Penis vor Augen haben, Weibchen ihre Vagina nicht. Männchen hatten bei der Kopulation das Weibchen immer vor Augen, ihr Organ musste gesehen und sogar beschnuppert werden; das Weibchen dagegen sah den Partner während des Aktes nie. Jedenfalls so lange, als der Vorgang *»a parte posteriore«* vollzogen wird, was, neben der Hockstellung, noch bei Naturvölkern üblich ist; und die von ihnen so bezeichnete *»missionary position«* zeigt, wie spät sich das geändert hat.

Es ist darum möglich, dass das stärkere Interesse der Männer an bildlicher Pornografie auf solch uralter, optischer Anleitung beruht. Als ich einmal, der Not gehorchend, eine Damentoilette aufsuchte, fiel mir der Unterschied der Grafitti zu jenen sattsamst bekannten aus den Männerklos auf. Hier herrscht, wie mir, neugierig gemacht, weitere heimliche Visitationen bestätigten, ein anderer Typus. Finden sich bei den Herren überwiegend deftige Zeichnungen, überwiegen bei den Damen Gedichte; wenn auch nicht weniger deftige.

Es ist Zeit, den Abschnitt zu schließen. Die Produkte der Menschwerdung haben tiefe Wurzeln. Und vielerlei sitzt wohl noch, kaum bemerkt, in der Tiefe unserer Seele. Und diese ist erst aus zwei weiteren Errungenschaften der Menschwerdung zu verstehen: Bewusstsein und Sprache. Ihnen sind, ihrer Bedeutung nach, zwei weitere Kapitel zu widmen.

# Über die Konsequenzen

## Stehen wir Menschen in der Welt isoliert?

In der Natur sind wir Menschen eine Seltsamkeit. Wir sind durch Bewusstsein und Sprache aus der Welt der übrigen Kreaturen herausgelöst, haben das metaphysische Problem und eine technische Zivilisation entwickelt, eine Kultur, die das Schöpferische in Künsten und Wissenschaften aus uns herausfließen lässt. Mit alledem sind wir mit uns allein.

Taxonomisch sind wir zudem eine »monotypische« Art. Darunter versteht man eine Art, die in ihrer Gattung keine lebenden Verwandten hat; in der Gattung *Homo* existiert nur die Art *Homo sapiens*. Auch derlei ist in der Natur selten, weil eine neue Gruppe von Eigenschaften und Leistungen, welche groß genug ist, um die Kategorie einer neuen Gattung zu rechtfertigen, auch noch die Variationen von Arten und Unterarten zulassen sollte.

Nun gab es verwandte Arten. Der *Homo erectus* ist hier zu nennen, der Neandertaler, entweder *Homo neandertalensis* genannt, oder als Unterart *Homo sapiens neandertalensis.* Der Neandertaler lebte sogar lange zeitgleich mit der letzten der Unterarten, die wir bescheidenerweise *Homo sapiens sapiens* nennen. Sie sind alle ausgestorben. Warum?

Hier kommt eine Asymmetrie der Selektionsbedingungen zum Tragen: Räuber-Beute-Verhältnis versus Ressourcen-Konkurrenz. Ersteres erscheint grausam und ist es auch für das Beutetier. Aber es führt nicht zum Aussterben, weil die Füchse das letzte Hasenpaar nicht mehr finden, und sich das Verhältnis einpendelt. Die so harmlos klingende Konkurrenz um identische Ressourcen führt dagegen zum Aussterben des schwächeren Konkurrenten. Diese Bedingung mag geherrscht haben. Und sie herrscht noch immer, wie das die australischen Aborigines und die nordamerikanischen Indianer gegenüber ihren so christlichen Einwanderern zeigen.

Aber zurück zu den Ereignissen: Manche Neandertaler können assimiliert worden sein. Manch ein Neandertaler-Mann mag ein Sapiens-Mädchen erobert haben oder umgekehrt. Überwiegend dürften die älteren Formen aber in Gegenden vertrieben worden sein, die keine Überlebenschance boten, oder sie wurden erschlagen, und, wie so manche Fossilien beweisen, sogar verzehrt. Es ist zu vermuten, dass unsere Vorfahren rabiate und unduldsame Kreaturen waren. Sie haben uns wohl damit jeden Vergleich mit lebenden, nahen Verwandten genommen. Nun stehen wir tatsächlich, was nicht allzu gut sein kann, mit uns allein.

## Gibt es Gleichheit unter den Menschen?

»Gott schenkte uns die Sprache«, sagt man, »aber der Teufel die Sprachen.« Vieles vom Nutzen der Kommunikation wird durch das Befremdliche des Fremden wieder zum Trennenden. Vielleicht machte uns auch Gott noch alle gleich. Aber geworden sind Schwarze, Weiße und Gelbe. Das ist zunächst der sichtbarste Unterschied. Sind wir also rassisch verschieden?

Der Rassenbegriff ist durch den Rassenwahn sehr bedenklich geworden. Nicht, weil man Schwarze, Weiße und Gelbe nicht unterscheiden könnte. Das kann jedes Kind. Sondern weil man Juden psychische Rassenmerkmale zuschrieb, diese diskriminierte und viele ermordet hat. Der Rassenbegriff wurde verfemt. Gibt es also keine Rassen?

Tatsächlich ist der Begriff »Rasse« schwer zu fassen. In der Biologie spricht man von Unterarten, wenn sich Populationen zwar noch als kreuzbar erweisen, aber isoliert leben und unter verschiedenen Milieus unterschiedliche Merkmale angenommen haben. Wenn die Isolation nicht vollständig ist, neigt man zu den verschiedenen Formen der Rassenbegriffe. Nun lebt kaum eine menschliche Population genetisch völlig isoliert. Gibt es also doch Rassen?

Sieht man näher hin, dann unterscheiden sich Menschen nach ihrer Kultur, also nach Sprache, Religion und Brauchtum, sowie nach physischen Eigenschaften, nach Haut, Haar und Körperbau. Und es wäre wunderlich, wenn sich mit all diesen Unterschieden nicht auch solche psychischer Art verbänden, wenn man bedenkt, wie lange etwa Pygmäen und Eskimos schon getrennt mit sehr unterschiedlichen Lebensbedingungen ringen. Freilich weiß man über diese Unterschiede vergleichsweise wenig; und noch weniger darüber, ob diese schon erblich oder bloß kulturell verankert sind. Und man zögert auch, dies näher zu untersuchen, weil unsere Gesellschaft noch immer nicht reif ist, die Unterschiede zu schätzen.

Zunächst aber darf man sich der Frage nicht entziehen, wieso es zu einer so großen Differenzierung unserer Spezies kommen konnte. Geografische Isolation der Populationen und Unterschiede der Lebensbedingungen müssen eine Rolle gespielt haben. Aber können diese genügen? Ich meine, dass auch das Verhalten von uns Menschen eine Rolle gespielt haben muss.

Wir Menschen, Individuen wie Gruppen, leben und steuern unsere Haltung, wie es mir scheint, zwischen Extremen entlang von Gradienten. Hier handelt es sich um einen Gradienten zwischen den alternativen Bedürfnissen von Zugehörigkeit und Unverwechselbarkeit. Austauschbarkeit erleben wir Individuen als Herabsetzung, durch Entwürdigung sogar als gefährdend; Isolation gleichermaßen als befremdlich, sogar als bedrohlich. In der Gruppe wird dann der Wunsch der Individuen dazuzugehören zum Bedürfnis der Unverwechselbarkeit des eigenen Kollektivs gegenüber anderen. Nur das Gruppenbedürfnis nach Zugehörigkeit zu Großgruppen wird nach obenhin schwächer. Das Fremdheitserleben nimmt zu.

Eine Disposition zur Zugehörigkeit ist aus allen Massenverbänden des Tierreichs, ob Fisch- oder Krähenschwarm, bekannt und von arterhaltender Bedeutung. Das Bedürfnis nach Unverwechselbarkeit entwickelt sich erst mit individualisierten Verbänden und erreicht mit den Menschenaffen einen ersten Höhepunkt. Die entscheidende Voraussetzung dazu ist individuelles Kennenlernen, was, und darauf kommt es an, wieder Kleingruppen voraussetzt.

So sind wir Menschen auf Kleingruppen sozialisiert. Und wir werden noch sehen, dass uns eben deshalb die Massengesellschaft Schwierigkeiten macht. Und diese Kleingruppenadaptierung, gemeinsam mit dem Fremdheitserlebnis gegenüber anderen, mag die Gruppierungen und Abgrenzungen unserer frühen Vorfahren, über viele Jahrtausende, gefördert haben, und damit auch die Entstehung der Rassen und Sprachen. Wie auch immer sie sich später notgedrungen zu Staaten, Völkern und Nationen wieder zusammenfügten.

Die Behauptung, dass es keine Rassen der Menschen gäbe, hat daher eher mit der Befürchtung neuer Diskriminierungen zu tun. Wir haben unsere Kultur wohl auch noch nicht so weit entwickelt, dass die Unterschiede zwischen uns Menschen in ihrer Bedeutung verstanden, geachtet und gepflegt werden. Noch ist es eine entwicklungsbedürftige Gesellschaft, aber immerhin mit der Chance, eine wirklich menschliche zu werden.

Zweifellos sind wir Menschen verschieden. Doch von Geburt an, vor Gott und dem Richter beanspruchen wir die gleichen Rechte. Nur in diesem, wiewohl sehr wichtigen Sinn, sind wir gleich. Selbst von »Gleichheit, Freiheit, Brüderlichkeit« bleibt auf Dauer nur die Brüderlichkeit: Denn welche Freiheit wäre das, wenn sie nicht auch die Freiheit zur Ungleichheit einschlösse?

Eine meiner geschätzten Lektorinnen hat in dieser Passage den Terminus »Schwesterlichkeit« vermisst. Ich darf die semantische Lösung den »LeserInnen« überlassen. Gewiss: Gemeint ist »Brüderlein und Schwesterlein«, wie es in unserem zum Volkslied gewordenen Duett aus der »Fledermaus« heißt.

## Beschleunigen wir die Evolution?

Von unseren nächsten tierischen Vorfahren erbten wir Neugierde und Betriebsamkeit, und mit der Entwicklung von Besitz musste sich auch Possessivität dazugefügt haben. Und diese wird die schon geschilderte Entwicklung von Hirn und Sprache und, wie nun hinzuzufügen ist, auch die der Hand und der Handfertigkeit, nochmals gefördert haben. Allein, dass, gegenüber dem »Affengriff«, nun der Daumen den Fingern gegenübergestellt werden kann, hat die Revolution der Handfertigkeit eingeleitet.

So ist die Herstellung von Waffen, Kleidern und Schuhwerk, Hütten und Palisaden möglich geworden und mündet in eine technische Zivilisation.

Wenn man unter Evolution den Gang der Differenzierung der Welt verstehen will, so beschleunigen wir diese in gefährlicher Weise. Meint man darunter die Evolution unserer erblichen Ausstattung, so sind, von den etwa achtzig Organsystemen der Menschenaffen, nur drei weiter entwickelt worden: Hand, Hirn und Kehlkopf – offensichtlich jene, die zum Überleben entscheidend wurden: Handfertigkeit, Verstand und Kommunikation. Und sie sind auch weiterhin unsere Chance geblieben. Meint man unter Evolution den Wandel unserer erblichen Ausstattung in der Zeit der Zivilisationen, so sind die Zeiten zu kurz. In diesem Maße steht sie still.

## Haben wir Menschen eine Funktion in der Welt?

Es ist dann die Frage legitim, was solch eine Kreatur auf diesem Erdenrund soll. Oder deutlicher gefragt: was ihre Funktionen sein könnten. Oder stellen wir uns mit solcherart Fragen nicht selbst die Falle, eine zweckgerichtete Weltordnung zu beschwören, für welche keine Erfahrung spricht?

Wir sind ja von solch einer Frage ausgegangen, was es wohl bedeuten könne, dass die Evolution große Mengen an Molekülen in einer Weise organisiert, dass sie beginnen können, über Moleküle nachzudenken.

Dazu höre ich schon die Gegenfrage: ob wir denn nicht unmittelbarere Probleme hätten. Die haben wir, gewiss! Aber wir möchten auch wissen, warum wir diese haben. Kurzfristiger, also in den Spannen von Art zu Art gedacht, mag es um Erhaltungsbedingungen gegangen sein. Ein vorgegebenes Ziel war ansonsten nicht zu finden. Aber höhere Organisation garantiert, wie gesehen, deren Erhaltung durchaus nicht verlässlicher. Wir Menschen haben sogar eigene Mittel, die Spezies zu zerstören. Und wenn wir das tun, werden es einfachere Formen sein, die das überleben: Ratten, und wenn auch sie die nukleare Strahlung nicht überleben, Gewürm im Boden, sicher aber die Schwefelbakterien, von welchen wir ausgegangen sind.

Gewiss sind wir weder beabsichtigt gewesen, noch das Produkt reinen Zufalls. Der Zufall förderte nur das schöpferische Werden von Ordnung: poststabilisierte Harmonie. Wir müssen uns die Funktionen in dieser Welt selber geben. Niemand gibt sie uns. Vielleicht erlaubt die uns allen gegebene Möglichkeit, die Welt in uns nochmals abzubilden, auf deren Erhaltung zu wirken. Das aber kann nur die Zukunft zeigen.

Und um allein das zu ermöglichen, haben wir diese Welt in lebenswerter Weise zu erhalten und weiterzugeben. Das ist unsere elementarste Funktion. Denn wenn von uns niemand mehr existiert, erübrigt sich auch die Frage, welche Funktion wir hätten.

*Wir sind, wie alle Arten, Produkt einer zufälligen Notwendigkeit; waffenlose Kreaturen, aus den sicheren Höhen der Wipfel vertrieben. Viele Formen sind zu Grunde gegangen. Eine hat es geschafft; nicht durch Waffen zunächst, vielmehr durch das, was wir heute Intelligenz nennen.*
*Eine Intelligenz, die mit Bewusstsein, Glaube, Sprache und differenzierten Sozietäten entstand, Vernunft, Wissenschaft und Kultur entwickelt, und nun, waffenlos, wie sie begann, die scheußlichsten Waffen entwickelt.*

# Teil 5 Bewusstsein

*So bescheiden sich das Bewusstsein auch in die Gehirne der Primaten und Frühmenschen eingeschlichen hat; es zählt zu den großen Errungenschaften der Evolution und schließt an das Entstehen von Materie mit ihren Strukturen im Kosmos an sowie an jenes des Lebendigen auf unserem Planeten.*
*Es führt dazu, dass sich in Milliarden von Gehirnen die Nachbildungen ganzer Welten von Wirklichkeiten strukturieren und als handhabbar erweisen. Milliarden neuer, selbstmanipulierender Welten auf kleinstem Raum. Nichts Vergleichbares ist ihm zur Seite zu stellen. Dennoch wird es mit jedem Leben wieder weggeworfen.*

## Was ist Bewusstsein?

Noch als Schüler fand ich im Vorwort eines alten Lehrbuchs der Biologie den Satz: »Was das Leben ist, wissen wir nicht.« Das kam mir seltsam vor, weil darauf achthundert Seiten der Beschreibung des Lebens folgten; mit mehr Inhalt, als ich damals fassen konnte.

Ich vermeide darum zu sagen: »Was das Bewusstsein ist, wissen wir nicht.« Nur über dieses scheinbar so bescheidene Wörtchen »ist«, sei noch reflektiert.

Grammatikalisch handelt es sich um die *copula*. Näher beschäftigen soll sie uns erst im Zusammenhang mit Sprache und Logik. Aber schon hier ist daran zu erinnern, dass sie im Aussagesatz die Erwartung einschließt, die Zugehörigkeit eines Gegenstands zu einer definierbaren Klasse von Gegenständen eindeutig angeben zu können. Ich sollte nicht vergessen anzufügen, dass das im starren Weltbild des *Aristoteles* noch konsistent war.

In unserer dynamischen Weltbetrachtung, und sogar umgangssprachlich, ist das anders. Das klassische Beispiel: »*Sokrates* ist ein Mensch.«

Die Frage, ob er nicht doch ein Halbgott gewesen sei, lasse ich hier beiseite, frage aber, was er sonst hätte noch gewesen sein können: Gott, Titan, Untermensch, nackter Affe? Oder: Philosoph, Ehemann, Vegetarier, Herumlungerer? Wenn wir sagen: »Das ist eine Meise«, ist die Sache ja griffiger. Denn nicht nur haben wir Inhalte: Bart- und Schwanzmeisen. Wir haben auch Gegenstücke: Meisen sind weder Habichte noch Enten. Und wir haben Oberbegriffe: Vögel, Wirbeltiere, Tiere.

Vieles davon geht uns schon bei der Bestimmung von »Leben« ab. Es hat zwar noch eine Überfülle wohl zu bezeichnender Inhalte, aber nur die Negation »unbelebt« als Gegenstück und keine Oberbegriffe. Noch extremer ist das beim Begriff »Bewusstsein«: nur »unbewusst« als Gegenstück, und keine Oberbegriffe. Und was haben wir schon an Inhalten?

Dennoch müssen wir uns, wie man sagt, an Inhalte halten, um einen Halt zu finden.

## Wohin in dieser Welt gehört das Bewusstsein?

Nach meiner Meinung begegnen wir hier dem bislang fantastischsten Produkt der Evolution. War schon das Werden des Lebendigen seltsam genug, das des Bewusstseins ist es noch mehr. Vergleichen wir nur die beiden Errungenschaften.

Die Entstehung des Lebens brachte es dazu, dass sich Systeme von Molekülen so organisieren, dass sie, in großer Ferne vom physikalischen Äquilibrium, einen Balanceakt vollbringen, der auch den ihnen beschiedenen Zerfall, den Tod, dadurch umgeht, dass sie sich fortgesetzt reproduzieren. Schon das ist, zugegeben, in einem Kosmos der Quanten und Weltraumkälte, mit eingestreuten Nuklearbrennern (den Sonnen), merkwürdig genug.

Es ist auch merkwürdig, dass diese Balanceakte, die Organismen, jeweils zu vielen Millionen fast identischer Exemplare zu produzieren sind, um all jene, die fortgesetzt vom »Seil des Lebens« in den Tod stürzen, zu ersetzen. Und es ist merkwürdig, dass auf diesem Seil auf mindestens zwei Millionen verschiedene Weisen – die Anzahl der Arten – getanzt werden kann.

Das ist der Punkt, auf welchen mein Vergleich zusteuert. Natürlich existieren Organismen nur unter der Bedingung, dass sie ihrem Milieu entsprechen, dass sie in einer Art kenntnisgewinnendem Prozess die Bedingungen ihrer Außenwelt erlernen; dass ein Pantoffeltier ebenso verlässlich zur nächsten Bakterienkolonie rudert, wie sich ein Schimpanse zum nächsten Ast zu schwingen hat. Wer der Welt in wenigstens diesen Maßen nicht entspricht, zählt, wie der Paläontologe *G.G. Simpson* sagte, nicht zu unseren Vorfahren. Er wurde eliminiert. Die Welt wird, wenn auch nicht abgebildet, doch in diesem Maße wahrgenommen, zu jener realen Wirklichkeit, in der, um zu überleben, zutreffend »gewirkt« werden muss.

Gewiss: Das geschieht auf zwei Millionen verschiedene, vielfach sogar widersprüchliche Weisen und über zwei Millionen höchst relativer Wirklichkeiten.

Wie also wirkte dem gegenüber das Bewusstsein? Produzierte das Bewusstsein des Menschen hingegen eine einzige, absolute und widerspruchsfreie Wirklichkeit? Etwa in dem Sinn, dass Stein, Baum und Mensch für alle Menschen gleiche Gegenstände bezeichnen? Diese Frage wir uns in der Adaptionismus/Konstruktivismus-Debatte noch beschäftigen.

Einschlägiger ist in diesem Kontext die Wahrnehmung, dass sich nun im Bewusstsein vieler Millionen solcher Balanceakte der ganze Kosmos in nahezu identischer Weise wiederbildet; selbst bei geschlossenen Sinnen und in Blinden, wenn wir ihnen berichten: von den Ästchen der Schneeflocke oder der Milchstraße.

Wieder haben wir viele Millionen Replika am Seil. Warum? Damit wieder viele, die abstürzen, ersetzt werden können? Darauf scheint nichts hinzuweisen.

## Woher das Bewusstsein kommt

### Woraus entwickelt sich Bewusstsein?

Soweit wir über die Herkunft des Bewusstseins eine Theorie bilden können, ist anzunehmen, dass es sich ins Lebendige allmählich dort aufgebaut hat, wo die Anzahl der automatischen Regulative zu groß wurde:

Das mag zunächst widersprüchlich klingen, lässt sich aber deutlich machen. Man denke etwa an die differenzierten Fluchtreflexe, wie sie bei hochentwickelten Arten, Säugern und Vögeln, mit der alternativen Automatik, anzugreifen oder zuzuschnappen, in Konflikt geraten können. Man bedenke auch, dass für beide Lösungen zudem weitere Alternativen gegeben sein werden: nämlich wie und wohin zu flüchten, wie und in welcher Weise anzugreifen wäre. Auf welche

Instanz könnte man sich in solchem Konflikt verlassen? Wohl auf die bisher selbst gemachte Erfahrung.

Das aber ist ein hoher Anspruch. Um das zu verdeutlichen, gehe ich in der Organisationshöhe etwas zurück zum Werden der so genannten »Intermodalität«. Darunter versteht man die Wechselverrechnung der Daten verschiedener Sinne. Uns Menschen ist dieselbe fast selbstverständlich; beispielsweise zwischen jenen der Optik und des Gleichgewichts. Mancher Spaß im Lachkabinett beruht auf optisch-statischen Widersprüchen. Wir scheinen gegen solche Passungsmängel sogar ein Warnsignal eingebaut zu haben. Es wird uns übel. Manch einer wird das von der Seekrankheit kennen.

Bei Schlangen beispielsweise ist die Intermodalität zwischen Auge, Tastsinn und Geruch noch nicht eingerichtet. Um eine Maus zu verschlingen, muss sie dieselbe, und zwar in dieser Reihenfolge, zuerst sehen, dann fühlen und zuletzt züngelnd riechen können. Kommt die Reihenfolge aus dem Takt, kann die Schlange die Maus gewissermaßen schon »unter dem Arm« haben und sie immer noch züngelnd suchen. Die Wahrnehmung »hier habe ich eine Maus« wird dem Suchvorgang nicht weitergemeldet.

Bei den Vorbedingungen des Bewusstseins dreht sich zunächst alles um zweckmäßige Kommunikation von Wahrgenommenem.

Intermodalität einzurichten muss also selektiv sehr gefördert worden sein. War sie aber erreicht, kann die Entwicklung weiterer intermodaler Reaktionen möglich geworden und auf Grund ihrer Vorteile sehr gefördert worden sein. Aber bei vielen angebotenen alternativen Lösungen, angeborenen Reaktionen, werden nicht nur Konflikte zwischen ihnen entstehen, es wird auch zu einer Verringerung der Erfolgschance kommen. Wie wir das schon kennen, ziehen Errungenschaften in der Evolution wieder Nachteile nach sich.

Es muss also zwischen den Alternativen zweckmäßig gewählt werden. Und als Oberinstanz dafür disponiert erweist sich der Speicher bisher gemachter Wahrnehmung: das Gedächtnis.

Will man sich vom Phänomen des Gedächtnisses »ein Bild« machen, so schließe man die Augen und führe sich, wie man sagt, diese Buchseite »vor Augen«, die Türe, durch die man ins Haus kam, und den Antritt seiner letzten Urlaubsreise. Tatsächlich tritt das alles auf. Etwas blasser wohl, aber unverwechselbar. Was hier interessiert, ist unsere Fähigkeit, Gedächtnisinhalte willentlich abzurufen.

Aber nochmals müssen wir, um das Werden dieser Leistung mitzuverfolgen, einen wenn auch kleineren Schritt in der Entwicklung zurück. Denn wir haben guten Grund zur Annahme, dass das auch viele höhere Tiere noch nicht können. Wir müssen zwischen Erinnern und Wiedererkennen unterscheiden. Letzteres ist offenbar das Ältere und Einfachere.

Wenn, wie ich annehmen muss, eine Maus nicht in der Lage ist, sich, fern von ihrem Schlupfwinkel, das Bild des Eingangs desselben abzurufen, so kann man wohl fragen, wie sie dann nach Hause findet. Die gespeicherten Bilder ihres Hinwegs werden durch Wiedererkennen ihren Rückweg lenken. Das Wiederkehren einer Wahrnehmung ruft den entsprechenden Gedächtsinhalt auf.

Wir erleben das selbst. Manch einen gemachten Weg durch eine fremde Stadt könnten wir einem Zweiten kaum mehr verlässlich beschreiben. Selbst aber machen wir den Weg getrost wieder, denn wir verlassen uns darauf, dass die gesehenen Szenen von damals, wiedererkannt, unsere Schritte lenken werden. Gewiss kennt man auch das Erlebnis, seinen Arbeitsplatz mit einer bestimmten Absicht zu verlassen, um im Nebenzimmer zu bemerken, dass man den Inhalt der Absicht vergessen hat. Man macht kehrt und erwartet zu Recht, dass einem das Bild des verlassenen Platzes »sagt«, was man wollte.

Das Sicherinnern ist die höhere Leistung. Davon sind wir ausgegangen. Sie besteht darin, den gesuchten Gedächtnisinhalt gezielt aufzufinden. Das hat oberflächlich Ähnlichkeit mit dem Speicher meines Computers, der mir bestimmte Wege vorschreibt, um einen gewünschten Inhalt auf den Bildschirm zu bringen.

Diese höhere Leistung besteht gewissermaßen darin, diesen Weg zu kennen. Das fällt uns erst dann auf, wenn wir darin unsicher sind. Und vielfach sieht das dann so aus, als ob wir diesen Weg, fast wie durch jene fremde Stadt, tastend zurückverfolgen würden.

Mit dieser Leistung, Gedächtnisinhalte absichtsvoll abrufen zu können, ist Bewusstsein gekennzeichnet. Wir sagen ja auch: uns solche Inhalte wieder bewusst zu machen. Ob es ohne diese Leistung Bewusstsein geben kann, ist kaum zu sagen. Das gilt für jene Maus auf dem Heimweg wie auch für unseren Weg durch die erwähnte Stadt. Auch da konnte uns die Automatik des Wiedererkennens weitgehend unbewusst gelenkt haben.

Gedächtnis ist für das Werden des Bewusstseins eine Voraussetzung, aber erst mit seiner Handhabbarkeit wird seine Funktion voll ausgeschöpft.

## Was ist Denken?

Gedächtnisinhalte absichtsvoll handhaben zu können, ist kein Selbstzweck. Hier findet sich nur die Disposition für das Neue. Denn wo immer eine neue Leistung von der Evolution durchgesetzt wird, muss ein starker Antrieb, ein Selektionsdruck auf erreichbare Lebensvorteile, vorausgesetzt werden. Diese Handhabbarkeit, dieses Umgehen mit Gedächtnisinhalten, leitet das ein, was wir Denken nennen.

Sein Vorteil ist enorm. Man kann auf diese Weise nicht nur seine Entscheidungen nach gemachten Erfahrungen wählen, man kann darüber hinaus Erfahrungsinhalte, die einander in bisherigen Erfahrungssituationen noch nicht begegneten, kombinieren. Damit wird es möglich, gewissermaßen durch Experimentieren im gedachten Raum, Ergebnisse von Handlungen auch für Situationen vorherzusehen, die einem noch nicht untergekommen sind.

Das gedachte Experiment kann aufgegeben werden, ohne dafür seine Haut riskiert zu haben. Es ist schwer, abzuschätzen, wie viel an Unheil, Verletzungen und Zerstörung von Kreaturen dadurch vermeidbar wurde.

Man kann sich vom Ausmaß dieses Vorteils eine nahezu quantitative Vorstellung machen, wenn man die Langsamkeit von Denkprozessen mit der Geschwindigkeit automatischer Reaktionen vergleicht. Der »unbedingte« Reflex beispielsweise, der bei der geringsten, auch nur befürchteten, Störung das Auge schließt, reagiert in Bruchteilen einer Sekunde. Eine Bremse, die durchs Dickicht, eine Meise, die durch Astwerk schwirrt, muss nicht minder in Sekundenbruchteilen steuern. Setzt man für solche Reaktionszeiten eine Zehntelsekunde, für die einfachste Überlegung auch nur eineinhalb Minuten, beträgt die Zeitdifferenz das Tausendfache.

Mindestens in diesem Ausmaß muss die denkende Lösung der automatischen überlegen sein, sonst hätte sie gegenüber der Automatik keinen evolutiven Vorteil und hätte sich auch nicht durchgesetzt.

## Das Bewusstsein als Produkt

### Wo liegen seine Grenzen?

Es ist ein beredtes Zeichen für unsere geringen Kenntnisse von den Formen des Bewusstseins, dass es zwischen »bewusst« und »unbewusst« so wenig begrifflich Fassbares gibt. Das Wenige ist es umso mehr wert, bedacht zu sein.

Mit einer solchen Form befasst sich *Konrad Lorenz*, indem er fragt: »Haben Tiere ein subjektives Erleben?« Auf den ersten Seiten seiner Studie räumt er zwar ein, dass, wenn er das wüsste, er das Leib-Seele-Problem gelöst hätte. Aber auf den folgenden wird klar, dass man bei höheren Säugern, etwa Hunden und Affen, ein subjektives Erleben annehmen muss, denn sonst verstünde man sie nicht. Und nicht nur verliebte Hundebesitzer werden zugeben, dass einem Hund Freude, Angst, Trauer und Ratlosigkeit »anzusehen« ist.

Ist subjektives Erleben eine Vorbedingung, ein Begleiter bewusster Vorgänge? Wir wissen es nicht. Es steht irgendwo dazwischen.

Aus derselben Schule kommt der Begriff der »Repräsentation im gedachten Raum« und des Operierens im gedachten Raum. Bei Schimpansen muss das angenommen werden. Wenn ein Tier eine Banane, die von der Käfigdecke hängt, nur erreichen kann, wenn es eine Kiste darunter stellt, und diese mit einem ebenso vorbereiteten Stock besteigt, kann sich Folgendes abspielen: Sind die Versuche mit jeweils dem Stock oder der Kiste allein erfolglos, kann sich das Tier abwenden oder, still sitzend, seinen Blick zwischen den drei Gegenständen wandern lassen, um dann spontan die zusammengesetzte Operation mit Erfolg abzuwickeln.

Die Einstellung der Bewegung erinnert bereits an Denken, und das Gegenüberstehen von erfolglosen Versuchen und spontaner Lösung spricht für eine, die erdacht worden ist. Aber vielleicht geschieht das noch im Zwischenfeld zwischen automatischer und absichtsvoller Abrufung, denn auch da muss mit Übergängen gerechnet werden.

## Wie erfolgen Übergänge vom Bewussten zum Unbewussten?

Manche Übergänge zwischen bewussten und nichtbewussten Vorgängen hat jeder schon erlebt: Fängt man mit dem Radfahren an, so wird viel wache Aufmerksamkeit den Pedalen, der Lenkstange, der Koordination der Bewegungen gewidmet. Man mag sogar das Prinzip bedenken, den Schwerpunkt seines Körpers, die Auflage der Räder und den Mittelpunkt der Erde in einer Geraden zu halten. Aber man wird zugeben, dass man mit all solcher Bedachtnahme noch nicht Rad fahren kann.

Können tut man es erst, wenn es automatisch, also nichtbewusst gesteuert wird. Der Übergang aber ist schwer zu verfolgen. Irgendwie geht es dann eben. Eher nimmt man den umgekehrten Vorgang wahr. Radelt man geübt im Verkehr, so wird diesem, oft nur mitbewusst, die Aufmerksamkeit gelten, eher den vielerlei Gedanken, die einen gerade beschäftigen. Und sicher nicht der Lenkung und den Pedalen. Gerät aber das Vorderrad in die tiefe Rille einer Straßenbahnschiene, so wird einen diese Situation sofort wach machen.

Man fühlt sofort, dass die Automatismen allein ein Problem nicht lösen, erkennt die Ursache und steuert sich höchst bewusst über eine ganze Folge zielführender Bewegungen aus dem möglichen Sturz.

Tatsächlich begleiten uns solche Übergänge durch alle Tage. Nur werden wir ihrer, entgegen meinem eher didaktisch gewählten Beispiel, meist überhaupt nicht gewahr. Wir können dabei getrost annehmen, dass eine Fülle kleiner Entscheidungen und ganzer Handlungsabläufe unbewusst vonstatten gehen.

Eine zweite Art von Übergängen hängt mit dem Schlafen

und seinen Grenzen zusammen: Eines der Fenster ins Unbewusste ist der Traum. Freilich wissen wir nicht, wie viel von unseren Traumerinnerungen durch die Bedingungen des Bewusstseins beim Erwachen schon wieder verändert ist. Einiges scheint aber verlässlich erkennbar.

Viele Traumsituationen sind von einer Art, als wäre die Ordnung einer Erwachsenenwelt durch ein ungezogenes Kind durcheinander gebracht worden; so, als könne mit ihr ungestraft Schabernack getrieben werden. Merkwürdig dabei ist der Umstand, dass dasselbe Gehirn, das sich in erstaunliche Schwierigkeiten manövriert hat, im Anschluss versucht, aus diesen wieder herauszukommen. Nicht, dass das gelingt, aber die Bemühung, selbst die Chancenlosigkeit solcher Bemühungen, wird deutlich erlebt. Es könnte sein, dass es die rechte Hemisphäre ist, die das Theater aufführt, und die linke, welche die Lösung sucht. Aber das ist vorerst nur meine Vermutung.

Die längsten Einblicke des Bewusstseins ins Unbewusste scheinen bisher der Tagtraum und der Klartraum zu geben. Ersterer begleitet den Wachzustand, auch bis in die Vorstadien des Schlafes, Letzterer lässt einen einige Augenblicke lang bewusst sein, dass man träumt.

Nun kann man auch fragen, ob in Hypnose oder Trance, unter Einfluss von Narkose oder Drogen, wie LSD, geträumt wird. In all diesen Fällen, ob beabsichtigt oder erlitten, handelt es sich um Veränderungen, die, mit der Veränderung von Bewusstheitszuständen und abhängig von den Substanzen, auch mit Traumerlebnissen verbunden sind.

## Ist die Fähigkeit, bewusst zu werden, erblich angelegt?

Wenn es sich also zeigt, dass es so viele Übergänge zum Bewussten und vielerlei Bewusstseinszustände gibt, fragt man sich, wie viel an Anlage und wie viel an Milieuwirkung zum Bewusstsein einer Kreatur beitragen.

Tatsächlich erweisen sich die beiden Wirkungen aber als stärker miteinander verbunden, als man früher dachte. Viele Anlagen müssen geübt werden, um überhaupt ausgebildet zu werden. *Lorenz* hat den Begriff der »angeborenen Lehrmeister« verwendet, der sich noch dazu als treffender erwies, als man erwartet hatte. Schon der Embryo muss zappeln, damit sich die Gelenke richtig ausbilden. Jungtiere müssen in ihrem

Milieu Helligkeitsgrenzen wahrnehmen, damit sich die angeborene Fähigkeit der Netzhaut, diese verschärft zu sehen, ausbilden kann und so fort.

»Was du ererbt von deinen Vätern«, wie schon *Goethe* erkannte, »erwirb es, um es zu besitzen.« Schon Spielen und exploratives Verhalten, das bei den Jungtieren der Vögel und noch mehr der höheren Säugetiere, den Menschen eingeschlossen, fast zwanghaft vorgesehen ist, ist als solches Übungsprogramm zu verstehen. Es ist angelegt, um möglichst viele der angeborenen Lehrmeister zum Lehren zu bewegen. Man wird sogar *Hassensteins* Annahme zustimmen, dass in vielen Menschen mehr angelegt sein dürfte, als durch das Milieu, Elternhaus, Freunde und Schule herausgeholt wird.

Was jedoch die Entstehung des Bewusstseins beim Kind betrifft, so scheint man keinen Fall zu kennen, wo Bewusstsein, durch ein auch noch so miserables Milieu, nicht entstanden wäre. Wie allerdings ein solches Bewusstsein aussieht, ist eine andere Frage.

## Was ist das »Ich« im Bewusstsein?

Man sollte also wissen, welche Formen das Bewusstsein annehmen kann. Da sind Neurologen, Psychologen, Psychiater und Psychotherapeuten aufgerufen. Aber schon wenn man sich selbst beobachtet, wird man gewiss manche Zustände unterscheiden können: wie zum Beispiel ein Gläschen Rebensaft die Seele die Welt umarmen, oder ein hohler Zahn sie in dessen Höhle schrumpfen lässt. Auch spricht man von vorbewusst und von mitbewusst, ohne dass man genau bestimmen könnte, ob es sich hier um Vorahnungen und da um Dinge handelt, die das Bewusstsein bloß begleiten.

Man kann auch Unterschiede finden, die man als »Helle« des Bewusstseins empfindet: wache Konzentration gegenüber ganz unbestimmtem Nebenbei-Hören. Erschöpfte Mütter schlafen bei beträchtlichem Lärm, werden aber des geringsten Weinens ihres Babys sofort gewahr. Auch im Partygelärme tritt sogleich eine Stimme heraus, wenn sie unseren Namen nennt.

Es muss darum geraten sein, sich auch das stammesgeschichtliche Werden des menschlichen Bewusstseins gleitend, aus Spuren heraus, vorzustellen. Ich will zwei Positionen referieren, wie sie früh und spät ein Licht auf das Werden unseres Bewusstseins werfen können.

Die erste der Positionen liegt 40 bis 60 Jahrtausende zurück und betrifft die Neandertaler. Natürlich können wir über deren Bewusstseinszustände nichts wissen, aber es gibt Indikationen aus deren Handeln. Sie haben, wie die Pollenanalyse zeigte, in Höhlen Nordwestpersiens Tote mit Mengen an Blumenbeigaben bestattet.

Das bedeutet: Es muss sie die Frage beschäftigt haben, was mit den Toten geschieht. Das halte ich für den Beginn der metaphysischen Frage, und diese muss mit dem Bewusstsein entstanden sein. Ob es aber schon absichtsvolles Umgehen mit Gedächtnisinhalten gegeben haben muss, ist völlig ungewiss. Ihr ganzer Gedächtnisapparat kann noch immer durch bloßes Wiedererkennen passiv gesteuert worden sein.

Die zweite Position reicht dagegen nur ein Jahrtausend vor die Zeitenwende zurück. *Julian Jaynes* hat aus einer Vielzahl von Disziplinen, von der Kunstgeschichte bis zu den frühen Mythen und Epen, Dokumente versammelt, die zusammen darauf hinweisen, dass das Ich-Bewusstsein erst in dieser Zeit entstanden sein kann. Keines der Dokumente trägt viel; alle zusammen aber machen diese Annahme, auf welche auch schon Kunsthistoriker und Archäologen aufmerksam machten, sehr wahrscheinlich.

Es scheint kaum zu glauben und ist aber dennoch möglich, dass selbst die Helden der Ilias noch kaum von Entscheidungen gelenkt wurden, die sie als ihr »Ich« erlebten, als vielmehr von »inneren Stimmen« kommend, die sie für die Stimmen der Götter hielten. In der Zeit aber, in welcher das Epos vom listenreichen *Odysseus* verfasst worden ist, konnte die Wandlung aber schon eingeleitet worden sein. Bekanntlich haben auch gesunde Menschen unserer Zeit noch stimmliche Sensationen, pflegen derlei aber rational abzutun.

Ich denke, wir werden gut beraten sein, für die Entwicklung unseres »hellen« Bewusstseins eine lange Zeitspanne anzunehmen.

So kommen wir auch um eine Bestimmung dessen, was wir unter Geist und Seele verstehen können, und deren Beziehung zum Bewusstsein, nicht herum. Im Griechischen sind Seele – »*psyche*« – und Geist – »*pneuma*« – sehr verwandt. Beide haben mit Hauch, Atem und Leben zu tun, und sind fast austauschbar, werden mit dem Tod, wie auch wir uns noch ausdrücken, »ausgehaucht«, mit welchem auch das Bewusstsein erlischt. Insofern sind die Begriffe verflochten und verwandt.

In unserer Geistesgeschichte haben sich deren Inhalte aber differenziert. Schon das lateinische »*spiritus*« (Geist) und »*anima*« (Seele) meint zweierlei. Und mit der heutigen Dominanz einer wissenschaftlichen Sicht liegen drei Begriffsinhalte vor: Bewusstsein, Geist und Seele.

Letztere unterscheiden sich in zweifacher Weise. Wenn wir Bewusstsein als eine allgemeine Kontrollinstanz betrachten, die uns uns selbst beobachten und unser Handeln in der »Wirklichkeit« dieses Bewusstseins mitverfolgen lässt, stellen sich Geist und Seele als Begriffe für zweierlei spezielle Zentralfunktionen dar.

Geist und Seele wiederum unterscheiden sich annähernd nach ihrer Zugehörigkeit zum kulturellen oder aber vitalen Lebensbereich. Ist Geist etwas, das das Individuum in seiner Lebensspanne mit und in seiner Kultur entwickelt, so ist uns die Seele gewissermaßen mitgegeben und braucht nur geweckt zu werden. So mag man sich selbst mit dem Begriff einer Tierseele anfreunden; unabhängig davon, ob der seelenvolle Blick eines Hundes aus diesem heraussieht oder in diesen hineingesehen wird.

Und natürlich sind diese Begriffe, wie der des Bewusstseins selbst, mit dem Bewusstsein entstanden. Das ist trivial. Weniger trivial ist es, was uns das Bewusstsein eröffnet und eingetragen hat.

# Die Folgen des Bewusstseins

## Macht oder löst das Bewusstsein Probleme?

Wenn *Karl Popper* mit seiner Behauptung »Leben ist Problemlösen« Recht hat, so ist Leben wohl auch Problemeschaffen. Wir kennen schon das Evolutionsprinzip, dass jeder neuen Errungenschaft auch neue Probleme folgen. Von den Vorteilen des Bewusstseins war schon die Rede. Sehen wir uns aber auch seine Grenzen an und die Probleme, die es uns appliziert.

Ein Zentralproblem, das uns unser Bewusstsein eingetragen hat, ist das widerstrebende Erleben unserer Ratlosigkeit an den Rändern des Begreiflichen. Das hat mit Metaphysik zu tun, von der, aus guten Gründen, auszugehen war. Im Grunde ist es das metaphysische Dilemma, weil es weder lösbar, noch vom Menschen ablösbar ist und man sich herausgefordert fühlt, Lösungen zu konzipieren. Es ist unser neues Zugeständnis an das kreatürliche Schicksal. Das soll freilich nicht heißen, dass wir keine unmittelbareren Probleme hätten, aber es steht wie ein Gespenst auch hinter jeder Tagesproblematik.

Ich hatte eben die Höhlen in Nordwestpersien zu erwähnen, deren Neandertaler-Gräber uns darauf hinweisen, dass schon damals das metaphysische Problem mit der Frage: »Was geschieht nach dem Tod?« aufgetreten sein muss. Und haben wir die Frage gelöst? Wir ersetzen sie entweder durch religiöse Glaubenssätze, die keine Erfahrung begründen kann, oder wir haben sie verlagert. Denn, wenn Materialisten behaupten, dass nach dem Tod, außer Zerfall, nichts mehr geschieht, dann ist ja wohl zu fragen, warum es die Evolution nicht geschafft hat, auch die psychischen Gewinne eines Individuums fortzupflanzen.

Und wenn auch diese Frage von unserem Tagesproblem abgehoben zu sein scheint, werden wir doch noch sehen, wie sie weiter in Vernunft und Gesellschaft hineinwirkt. Etwa in die Fragen, ob alles Leben den gleichen Wert hat, ob es manipuliert werden darf, und über wessen Leben, und mit welcher Legitimation, der Stab gebrochen (heute: die Todesspritze gegeben) werden darf.

Selbst die Frage, was das Setzen von Recht legitimiert, ist

offen. Kein Wunder, dass sich frühe Herrscher zu Göttern stilisierten und die späten es zum Mindesten »von Gottes Gnaden« gewesen waren. Und da nun die Masse der Bürger zum Souverän wurde, auf wessen Gnaden beziehen sich diese? Wir greifen vor. Ich erinnere nur daran, dass dem Problem nicht zu entkommen ist.

## Wie hängen Leib und Seele zusammen?

Eine zweite, ebenso gründliche Unsicherheit wird als das Leib-Seele-Problem bezeichnet. Man kann es ontologisch betrachten, nämlich mit der Frage, von welcher »Art« die beiden eigentlich seien, oder aber psychologisch. Damit will ich beginnen.

Wie könnte begründet werden, dass wir lange Wellenlängen als rot, kurze als blau empfinden? Wie wäre meiner Behauptung zu begegnen, dass meine Töchter Rot in Wahrheit als Blau erleben und Blau nur deshalb als Rot bezeichnen, weil wir Blau immer Rot genannt haben? Aber Spaß beiseite: Mit welcher Differenzierung einer die Welt erlebt, ist nicht zu bestimmen, selbst wenn man ihn auffordert, sie aus dem Malkasten zusammenzusetzen.

Natürlich ist uns auch diese Unsicherheit durch das reflektierende Bewusstsein eingetragen worden. Es ist nicht zu erwarten, dass eine Katze die Frage verunsichert, wieso sie diese Maus als weiß ansieht.

Nun zur ontologischen Seite. Es ist unserer Geistesgeschichte geschehen, dass wir über eine Fülle widersprechender Theorien verfügen. Es gäbe zum Beispiel nur die Seele, der Leib sei deren Vorstellung, oder nur den stofflichen Leib, die Seele sei nur eine Funktion der Materie, oder aber es gäbe, drittens, beide, in dem Sinn einer dualistisch, in Stoffliches und Unstoffliches geteilten Welt, mit dem Folgeproblem, wie diese wohl zusammenhängen.

Ich rate dazu, die Unsicherheit zu akzeptieren, und vielmehr über Symbole und unsere kognitiven Grenzen nachzudenken. Man bedenke, dass es in unseren Gehirnen still und völlig finster ist. Denn dort gibt es weder Hör- noch Sehzellen. Und dennoch erleben wir eine klangvolle und bunte Welt.

Nun kann die Außenwelt kaum in uns herein, und wenn, dann nur über Nervenimpulse. So muss es kommen, dass alles, was uns sinnlich erlebbar ist, nur in Symbolen repräsentiert werden kann. Dabei ist es der Evolution nicht eingefallen, akustische und elektromagnetische Schwingungen wie auf einem Oszillographen abzubilden. Denn zum einen sind auch die Wellen am Bildschirm wieder nur Symbole für das, was in der Außenwelt ganz andere Zustände hat; zum anderen wäre das eine für das Lebendige zu technische Lösung, die keinen leichten Zugang zum Jubel einer Symphonie oder dem Farbenrausch einer Abendstimmung böte.

Um Symbolisierung ist nicht herumzukommen. Wir werden das im Anschluss bei den Themen Kommunikation, Sprache und Vernunft fortgesetzt finden. Akzeptieren wir zunächst Farben und Töne einfach als Symbole für zwei Arten von Wellenlängen.

Zum Zweiten bleibt zu erkennen, dass auch unsere Begrifflichkeit symbolisierend zweigeteilt ist, in Gestalt- und Funktions-Verstehen. Das wird uns beim Thema der »sprachlichen Universalien« ebenso wiederbegegnen. Aber bereits an dieser Stelle ist es empfohlen, wahrzunehmen, dass uns schon Form und Funktion als zweierlei erscheinen, obwohl wir wissen, dass es keine Funktion ohne geformten Träger gibt und keine Form, die nicht Funktionen ausübt.

Dieser kognitive Dualismus, der sich in der uns gewohnten Wahrnehmung noch bescheiden wie eine Eigentümlichkeit unserer Sprachen ausnimmt, wird aber gegen den Mega- und den Mikrokosmos als eine Art Zwangs-Alternative unseres Verstandes deutlich. Wir besitzen weder ein Sensorium, um in kosmischer Dimension Raum und Zeit als Kontinuum zu denken, noch, um dem mikrophysikalischen Welle-Teilchen-Dualismus zu entgehen. Denn auch in all unseren Messungen treten Quanten entweder mit den Eigenschaften von Teilchen oder aber von Wellen auf.

## Können wir uns alles denken?

Begegnet man nach dieser Erfahrung der Behauptung, der *Homo sapiens sapiens,* wie wir unsere Art bescheidenerweise nennen, könne alles denken, muss man besorgt sein. Es ist nicht nur absurd zu meinen, dass ein Evolutionsprodukt, das bis dato gerade überlebt hat, dazu gemacht worden wäre, den Kosmos zu erfassen. Es ist unsinnig zu glauben, dass es das, was wir nicht denken, nicht geben könne. Und es ist nicht nur überheblich, es ist gefährlich, weil es dazu verleitet, fortgesetzt auch dort in die Welt einzugreifen, wo man sie sicher noch gar nicht versteht.

Wissenschaftstheoretisch kann in solcher Auffassung zweierlei verkappt sein: entweder die idealistische Philosophie von einer zweckgerichteten Weltordnung, deren höchster, materialisierter Zweck der gläubige Mensch sein soll oder die materialistische mit jener Form des Reduktionismus, in der so gehandelt wird, als ob das, was sich nicht handhaben lässt, in der Welt ohne Bedeutung wäre. Das ist die Position des »ontologischen Reduktionismus«. Wir untersuchen das später genauer.

In Wahrheit steckt unser Vermögen voll der Beschränkungen, und ignoriert man diese, voll Beschränktheit. Obwohl man das, was wir nicht zu fassen vermögen, auch nicht leicht fasslich machen kann, gibt es dafür doch Indikationen. Ich gebe Beispiele aus drei Ebenen:

Schon unser Bewusstsein ist auf einen schmalen Fokus beschränkt. So, als ginge man mit einer Handlampe nachts allein durch ein großes Museum. Freilich kann man sich den Kosmos denken, dann aber verschwindet Europa; denkt man Europa, verschwindet der Kosmos. Das gilt auch rein technisch. So sind wir nicht in der Lage, auch nur zwei Zahlenreihen gedanklich zu verfolgen, zum Beispiel links die Passanten, rechts vorbeiziehende Autos zu zählen.

Unsere Lösungsstrategien suchen stets nach regelhaft deterministischen und hinweisabhängigen Zusammenhängen von positiv linearer Funktionalität. Alle nicht regelhaft probabilistischen und hinweisunabhängigen Zusammenhänge negativer und rekursiver Wechselbeziehungen fallen zunächst durch den Rost. Das ist den Psychologen längst bekannt. Heute wissen wir, dass das mit unserer Ausstattung zusammenhängt, die an sehr einfachen Phänomenen getestet worden ist. Heute, wo wir tief ins Getriebe der Welt eingreifen, stören wir mehr als wir ordnen.

Das zeigt sich darin, dass wir alle weiter reichenden Zusammenhänge, wie in den Ökosystemen, erst an den Schäden erkennen, die wir selbst angerichtet haben. Wer hätte vorhergesehen, dass eine Erhöhung der Schlote in England die Rentierflechte und damit schon die jungen Rentiere im Norden Skandinaviens gefährden würde. Wer hätte gedacht, dass DDT, in Texas abgesprüht, die Pinguine in der Antarktis dezimieren muss. Die sechsgliedrige Nahrungskette durch die Ozeane konzentriert die Substanz auf das Millionenfache. Das verträgt eine Drüse der Weibchen nicht, die Eischalen werden zu dünn, die Eier brechen. Und noch eins: Wer hat das Ozonloch vorhergesehen?

Man wird nicht einmal in der Annahme fehlgehen, dass selbst unsere politischen Systeme, ob Feudalsystem, Marxismus oder Kapitalismus an ihrer Aufgabe, eine harmonische, humane Ökumene zu schaffen, vorbeigehen.

## Hat das Bewusstsein die Ökumene geplant?

Ohne Frage ist mithilfe des Bewusstseins Außerordentliches geplant worden. Von den Pyramiden zum Empire State Building und von den Römerstraßen zum internationalen Flugnetz. Das festzustellen, ist trivial. Es ist enorm, was an Planung in einem gotischen Dom oder in einem modernen Automobil steckt.

Und dennoch hätte man nicht vorherzusehen vermocht, dass die Kultur von der Romanik zur Gotik und von der Renaissance zum Barock führen werde, geschweige denn, was zu solch einem Weg führen musste. Was die Kultur wandelt, wissen wir noch immer nicht. Nur dass sie sich wandelt, ist evident.

Voraussicht ist kaum gegeben. Weder konnte Napoleon die Restaurierung Europas vorhersehen, noch *Gottlieb Daimler* die Massenkarambolagen auf den Autobahnen.

Vieles muss, wie in den innovativen Phasen der Evolution des Organischen, mit Zufallsbegegnungen von Trends zusammenhängen, was man in der englischen Literatur »contingencies« nennt: das Zusammentreffen voneinander unabhängiger Ereignisketten, die dann, wie man in einer anderen Wissenschaftssprache sagt, »synergetische Effekte«, also Zusammenwirkungen, auslösen. In unserer sprachdominierten Kultur werden, nach einer dritten Wissenschaftssprache, die dort so genannten »Meme« eine Rolle spielen: Begriffe, Images, Konzepte, von welchen man annimmt, dass sie sich, wie die Gene, nun durch Tradierung in der Kultur fortpflanzen und in geeignetem Milieu vermehren. Und sie selbst werden wieder einen hierarchischen Bau aufweisen, und zwar dergestalt, dass auch die ganze Theorie der Meme nochmals als Super-Mem aufzufassen ist.

Natürlich hat das Bewusstsein die Entwicklung von Kulturen angeführt. Aber wieder ist das Ergebnis nicht prästabilisiert, vielmehr poststabilisiert. »Harmonie« möchte ich nicht mehr sagen, zu kurz sind die Zeitspannen, zu schwankend die erreichten, semistabilen Zustände. Wir schieben und werden geschoben und müssen uns mit dem arrangieren, worin wir hineingeboren sind und in ihm unsere Zwecke finden.

## Steuert Bewusstsein Gefühle und Glauben?

Wenn wir von den kollektiven Wirkungen des Bewusstseins zu den individuellen übergehen, bietet sich die Frage an, welcher Zusammenhang mit seinen älteren Geschwistern, den Gefühlen, Emotionen und Glaubenssätzen, besteht.

Landläufig wird man im Bewusstsein ein steuerndes Regulativ erblicken, da wir uns, wie man sich ausdrückt, all diese Dinge bewusst machen können. Wir steuern Gefühle, dämpfen Emotionen und betrachten Glabenssätze nüchtern.

Wir wären aber schlecht beraten, wenn wir diese älteren Schwestern nicht auch als Gegenspieler, Souffleure, Animateure, Erinnyien und Aufwiegler in Betracht ziehen würden. Aus der modernen Psychologie und Pyschotherapie ist es nun auch fachlich erhärtet, dass diese Geister bis in unsere Wahrnehmung hinein wirken, und zwar nicht nur hinsichtlich dessen, wie wir etwas wahrnehmen, sondern sogar, was wir wahrnehmen.

Hierher gehören nicht nur die »sich selbst erfüllenden Prophezeiungen« und alles verdrehenden Vorurteile, Narreteien und Utopien. Unser ganz gewöhnlicher Alltag ist mithilfe des Bewusstseins von selbst entstandenen Gewichtungen und Fernzielen durchtränkt, von hypothetischen und ungreifbaren Belohnungen. Ich halte dies für eines der einschneidendsten Ergebnisse des Bewusstseins, dass einer Bemühung die Belohnung nicht auf dem Fuß folgen muss, sondern in dämmrige Fernen verlegt werden kann.

Freilich wird diese Anleitung durch das Bewusstsein auch die großen Schritte in der Kulturentwicklung beflügelt haben.

Aber wir alle nehmen die erstaunlichsten Mühen auf uns, selbsterdachter Ziele wegen, deren Erreichbarkeit durchaus nicht gewiss sein muss. Dabei habe ich die kleinen Dimensionen vor Augen, nicht den Traum von der egalitären Gesellschaft, vielmehr all unsere kleinen Fantastereien und Mikro-Utopien. In diesem Sektor ist das Denken wirklich frei, fast wie im Traum, nachgerade ungesteuert – wodurch wir uns nochmals, und in einer ganz eigenen Weise, von unseren nichtmenschlichen Verwandten abheben. Diese können wahrscheinlich nur relativen Unsinn glauben. Reinen Unsinn zu glauben, wie *Lorenz* sagt, ist ein Privileg des Menschen.

*Um den Unterschied vom Tier zum Menschen wirklich schätzen zu können, muss man, sagt Lorenz, viel von Tieren verstehen. Das Hellwerden des Bewusstseins beim Menschen ist der bedeutendste Schritt. Es ist wunderbar, es zu gewinnen und zu erweitern, und es trifft uns tief, wenn es einen geliebten, in seiner Bewusstseinswelt immer einmaligen Menschen auf ewig wieder verlässt. Es ist des Menschen große Erhebung – wie sein Dilemma.*
*Das Bewusstsein hat uns, was noch angehen mag, unsere Unsicherheit erkennen lassen und die Götter und das Rätselraten um den Sinn unseres Daseins eingetragen. Es suggeriert uns aber auch – was nicht angehen kann –, uns über die Welt zu setzen; nicht bedenkend, dass es in der kleinen Welt des Menschen entstanden ist.*

# Teil 6 Sprache

*Offenbar eilt nun der Text von Errungenschaft zu Errungenschaft. Da ist wieder eines der hehren Merkmale des Menschen. Der lallende Betrunkene verliert viel vom Menschlichen. Und wie bedauern wir, dass unser kluger Hund nicht ausdrücken kann, was er im Einzelnen wohl meint.*
*Was für ein wunderbarer Weg vom Keckern der Affen zur wohlgesetzten Rede. Und ohne Zweifel stand das Werden der Sprache in enger Wechselwirkung mit der Differenzierung der menschlichen Sozietät, hat ein kollektives Weltbild und mit ihm die Kulturen überhaupt erst entstehen lassen.*

## Woraus entsteht Kommunikation?

Nach unserem Sprachgebrauch denken wir beim Begriff »Kommunikation« an die Verständigung zwischen Menschen, aber auch zwischen Tieren, denn wir haben gute Gründe anzunehmen, dass auch Vogelgezwitscher Mitteilungen enthalten kann. Eine solche Bestimmung des Themas empfiehlt, zwei Grenzbereiche zu bedenken.

Ein Grenzbereich liegt im Organismus selbst. Denn natürlich kommunizieren, im übertragenen Sinn, auch Hirnregionen untereinander, mit Extremitäten und Organen; und selbst Zellen eines Gewebes müssen einander erkennen. Davon soll hier nicht die Rede sein.

Eine zweite Grenze beginnt im molekularen Bereich des Organismus, etwa am Informationstransfer der Gene, hinter welchen die Prinzipien der anorganischen Welt liegen. Namentlich stereospezifische, autokatalytische Prozesse. Etwa in der Weise, wie von der Oberfläche eines Schlüssels der Abdruck des Schlosses genommen werden kann, von welchem wieder zahllose Schlüssel abgezogen werden können: Vorbedingungen für das genetische Gedächtnis. Auch das berührt nicht unser Thema.

Kommunikation im gegebenen Sinn muss dort beginnen, wo es für Individuen einer Art lebensnotwendig wird, den Artgenossen zu erkennen. Natürlich gibt es auch anderen Informationstransfer im Organismenreich. Beispielsweise erfährt ein Wasserläufer am Vibrieren der Wasseroberfläche, wo eine zappelnde Fliege zur Beute werden kann. Aber gewiss wollte die Fliege das nicht mitteilen.

Kommunikation, wie wir sie nun auffassen, muss stammesgeschichtlich mit den zweigeschlechtlichen Einzellern begonnen haben. Das ist sehr früh im Werden des Lebendigen: wohl vor rund drei Jahrmilliarden. Wer den Partner nicht erkannte, konnte sein Erbgut nicht »kommunizieren«, austauschen oder vereinigen, und war sogleich aus der Geschichte der Organismen ausgeschlossen.

Diese Kommunikation ist chemisch kodiert, der Träger der Nachricht ist das Meerwasser. Auch unter den Vielzellern sind viele Tiere und Pflanzen bei dem Prinzip geblieben, ihre Gameten, Eier und Samenzellen einfach ins Wasser zu entlassen, wo sie einander finden und erkennen müssen. Und auch nach der Erfindung der Kopulation ist das Erkennungsprinzip der Gameten gleich geblieben. So muss auch eine Samenzelle des Menschen die Eizelle über ihren chemischen Code erkennen, und die Eizelle ist darauf vorbereitet, nur eine einzige menschliche Spermazelle und nichts anderes einzulassen.

### Welche Entwicklung hat Kommunikation genommen?

Dieser Ansatz elementarster Verständigung hat sich über das Werden der Vielzeller, als Disposition, auch in die adulten Organismen fortgesetzt; unterstützt durch taktile Annäherung ist sie die einzige Verständigungsweise geblieben, bis tüchtige Fernsinne, in erster Linie Aug und Ohr, entstanden sind.

Mit dieser Errungenschaft kommen optische und akustische Nachrichten zu den chemischen hinzu; gleichzeitig aber Dekodierer optischer und akustischer Reize. Man darf sich das nicht in der Weise vorstellen, wie wir einen Menschen an der Physiognomie und an der Stimme erkennen. Das Rotkehlchen erkennt den Partner nur an der roten Kehle, und die Zikade hört aus allen Geräuschen der Welt sogar nur das Zirpen des Männchens.

Dennoch bieten beide Nachrichtenarten eine neue Disposition, nämlich die Färbung oder Zeichnung zu modulieren, wie bei Fischen und Tintenfischen. Es sind zunächst Befindlichkeiten, die auf diese Weise sichtbar werden, und die dann wohl erst in zweiter Linie zu einer Nachricht werden können. Das scheint auch für den akustischen Ausdruck zu gelten.

Zunächst »singt es« einem Vogel je nach Stimmung, erst daraus kann der Gesang zur Nachricht werden.

Nach verbesserter Optik kommt etwas hinzu, was man Körpersprache nennt. Veränderungen des Körpers und der Bewegung, zunächst der eigenen Befindlichkeit entsprechend, werden zu Nachrichten. Das Fletschen der Zähne, das Sträuben der Rückenhaare bei einem Hund wird zum Signal, wie das Auffliegen von Vögeln und das Lospreschen von Wild, wobei sich oft weitere Signale hinzugesellen wie auffallende Flügelzeichnung, oder die so genannten »Spiegel« der Rehe, ein weißer Fleck am Körperende, der dem Hirsch auch gleich zeigt, in welche Richtung er losrennen soll.

Bei uns Menschen spielt die Körpersprache noch immer eine große Rolle. Freude, Kummer, Zorn drücken sich darin ebenso aus, wie Unterordnung und Imponiergehabe.

# Über Sprache in unserem Sinn

## Gibt es eine Disposition zur Lautsprache?

Ob man das Gekrächze und Gekreisch vieler Vögel und Säuger eine Lautsprache nennen soll, sei dahingestellt. Selbst der Lerche und der Nachtigall, um zwei literarisch besungene Sänger zu bemühen, singt »es« sich eben mehr, als sie absichtsvoll singen. Freilich sind Stimmorgane vorhanden. Wer einmal Aras oder Brüllaffen in seiner Nachbarschaft hatte, wird das nicht verkennen. Und die Modulierbarkeit ist uns aus den Strophen des Vogelgesangs bekannt.

Warum ist im Tierreich aus dieser Anlage nicht mehr geworden? Selbst bei den Menschenaffen genügt, neben einer geringen Zahl spezifischer Warnrufe, weithin die Körpersprache. Es gibt wohl keine Ursache, einander noch Weiteres zu sagen. Auch sitzt, wie schon beim Thema »Menschwerdung« erwähnt, der Kehlkopf zu hoch, und der Gaumen liegt, für die Bewegung der Zunge, zu flach. Sie können – schon physisch – nicht modulieren.

Aber freilich ist uns damit die Disposition zur Entwicklung differenzierter Lautsprache gegeben. Und das betrifft nicht nur die Stimmorgane selbst und deren Modifizierbarkeit. Das betrifft noch mehr die soziale Herausforderung, differenzierter zu kommunizieren, sowie Dispositionen im Gehirn, dieser Aufgabe auch gerecht zu werden.

## Welchen Rang nimmt die Lautsprache ein?

Oberflächlich besehen dominiert bei uns Menschen die Lautsprache. Das betrifft zunächst die Differenzierbarkeit der Mitteilung. Es steht außer Frage, dass wir einander über Körpersprache und Gerüche eine nur ungleich geringere Anzahl von Mitteilungen machen können. Mit der Verlässlichkeit der Mitteilungen verhält es sich aber auffallenderweise umgekehrt.

Man wird oft beobachtet haben, dass beliebige, verbale Kraftmeierei durch defensives Verhalten, dass auch die wortreichste Beteuerung glücklicher Lebensumstände durch ein trauriges Gesicht Lügen gestraft wird. Es haben sich sogar körpersprachliche Kodizes gebildet, sodass ein Augenzwinkern genügt, um eine Behauptung in ihr Gegenteil zu verwandeln. Die Körpersprache gilt als die verlässlichere; aber warum? Nur weil sie älter ist? Ich vermute, weil sie weniger steuerbar ist. Mit ihr kann weniger gelogen werden.

Diese Vermutung stützt sich auf die Erfahrung, dass die geruchliche Kommunikation als nochmals verlässlicher genommen wird als die Körpersprache. Denn sie erweist sich als überhaupt nicht mehr steuerbar. Dabei erfahren wir erst aus letzter Zeit, welche Fülle an Sympathie- und Sexualsignalen, zudem zyklusabhängig und in ganz versteckter Weise, mitgeteilt wird. Freilich ist da noch vielerlei offen. Aber bekanntlich hilft auch die beflissenste Köpersprache nicht, wenn einem, wie die Umgangssprache sagt: einer stinkt.

Also sind unsere drei Kommunikationsformen in zwei gegenläufigen Graden angelegt: Verlässlichkeit steht gegen Differenzierung. Lautsprachlich kann in einer Überfülle gelogen werden. Olfaktorisch stehen dagegen wenige, aber unabweisliche Wahrheiten.

## Bilden unsere Kommunikationsformen die Wirklichkeit ab?

Eine der merkwürdigsten Eigenschaften aller Kommunikation ist lange unterschätzt worden. Sie beruht darauf, dass sich Kommunikation völlig anders entwickelt hat als unsere

Anschauungsformen. Die beiden werden sogar widersprüchlich.

Um das verständlich zu machen, muss ich auf zwei technisch wirkende Begriffe eingehen: die Korrespondenz- und Kohärenz-Bedingungen im Evolutionsgeschehen. Im Grunde ist der Zusammenhang wieder einfach, man muss ihn nur einmal wahrgenommen haben.

Korrespondenz wirkt einseitig, überwiegend vom Milieu auf den Organismus. Die Bedingungen können wechseln wie bei der Wanderung vom Meer aufs Land, und bei Seekühen, Delfinen und Walen wieder zurück zu den Bedingungen des Meeres. Das Produkt nennt man Anpassung. Und die Wirkung ist deshalb einseitig, weil die Beine der Landtiere die Bedingungen des Landes so wenig verändern wie die Flossen der Delfine das Wasser.

Kohärenz steht dagegen für eine Wechselwirkung. Das Produkt nennt man Abstimmung im System oder Organisation. So müssen Ober- und Unterkiefer aufeinander abgestimmt sein, ob im Gebiss der Raubtiere oder der Wiederkäuer, genauso Herz und Niere aufeinander, ob bei Fledermaus oder Maulwurf. Dabei haftet die entstandene Organisation dem System unverbrüchlich an. Sie wird zum Schicksal. Mit meiner Wiese können Käfer, Spitzmaus und Schnecke zurechtkommen, ob sie ihr Schicksal nun an ein Außen-, ein Innenskelett, oder an die Elastizität eines Muskelgeflechts binden. Umgekehrt wird jeder Säuger mit seiner Vorderhand zurechtkommen, ob damit in den verschiedensten Milieus getrabt, geklettert, geflogen oder gegraben werden muss.

Korrespondenz mit dem Milieu hat auch unsere Sinne der Welt angepasst. Wir verrechnen Raum, Zeit, Perspektive und Wahrscheinlichkeit, die Prozeduren der Gestaltwahrnehmung schaffen uns Gegenstände, lösen sie vom Hintergrund und interpretieren deren und unsere Bewegung.

Kohärenz ist dagegen zur Bedingung jeder Kommunikation geworden. Ihre Formen bilden nicht eine Sache oder die Welt ab, sondern dienen ausschließlich der Verständigung. Für chemische, optische wie akustische Kodizes ist das Milieu nur der Träger der Nachricht. Ungemach wird beim Tintenfisch durch Schwarzwerden, beim Hund durch Haaresträuben, bei uns durch das Fließen der Tränendrüse symbolisiert; es hätte ebenso gut mit Streifung, Männchenmachen oder Speichelfluss ausgedrückt werden können. Das Symbol bildet die Sache nicht ab, es steht nur für diese.

So auch in unserer Lautsprache. Das M und V der Worte Mutter und Vater haben in nichts mit deren Gestalt, Funktion oder Verhalten zu tun. Es genügt, dass der Code verstanden wird. Freilich steht unsere Semantik für eine Fülle von Dingen dieser Welt. Aber sie bildet diese nicht ab. Ausnahmen sind nur die onomatopoetischen Worte, die lautmalend Rumpeln, Zischen und Krachen wiedergeben. Sie spielen aber in unserer Sprechweise eine ganz untergeordnete Rolle.

Jede unserer Anschauungsformen muss der Welt entsprechen, Kommunikation jedoch nur den inneren Systembedingungen der Eindeutigkeit. Und wir werden, wenn die Fragen unsere Vernunft betreffen, entdecken, welche Widersprüche sich damit in unserer Disposition, mit der Welt umzugehen, vorbereitet haben.

## Sprache und Sprachdenken

### Wie verwandt sind Sprache und Denken?

Man kann annehmen, dass die uns angeborenen Anschauungsformen unser vorsprachliches Denken angeleitet haben. Das geht schon aus dem Umstand hervor, dass alle Sprachen der Menschen, auch die ganz exotischen wie die der Eskimos, einige elementare Züge gemeinsam haben. Ich komme im Rahmen des Themas »Sprach-Universalien« darauf zurück. So läuft auch immer noch ein Großteil des Denkens nichtsprachlich oder vorsprachlich ab; was freilich nicht leicht zu kommunizieren ist, weil sprachliche Kommunikation über das Nichtsprachliche – wie hier – an der Oberfläche bleibt, die Verständigung über Inhalte aber sehr erschwert ist.

Vom Denken sagte ich schon, dass es fokussiert, wie ein Lichtstrahl der Handlampe im Dunkel. Aber es treten Bilder und Zusammenhänge auf, die sich vervielfältigen können, wie zum Beispiel unser Denken in »Ähnlichkeitsfeldern«.

Ich will das illustrieren. Man wandere mit mir einen Strand entlang. Da guckt von einem im Sand verborgenen Gegenstand ein henkelförmiger Teil heraus. Und da er all dem, was wir als einen typischen Henkel kennen, doch nicht ganz entspricht, erleben wir, dass der Gegenstand gedanklich von allerlei Abarten von Henkeln umgeben wird, mit deren Hilfe die Einordnung dieses Gegenstands möglich werden soll. Nun stupsen wir dieses Objekt mit der Fußspitze an. Heraus kommt ein Teil eines in der Brandung abgerollten Säugerschädels, der vermeintliche Henkel entpuppt sich als das beschädigte Jochbein. Und zwar deshalb, weil es gedanklich sogleich von all den Jochbeinen von Säugerschädeln umgeben wird, die wir zu kennen meinen.

Aufschlussreich ist auch die Erfahrung der automatischen Typusbildung. Legt man Versuchspersonen beispielsweise die Abwandlung eines Geschirrs in seinen einzelnen Formvariationen auf Kärtchen vor, den Typus aber nicht, und befragt man sie später, welche Karten sie schon gesehen haben, so wird behauptet, die Karte, welche den Typus zeigt, wäre sicher dabei gewesen.

Die Sprache dagegen kann ein Ähnlichkeitsfeld in simultaner Weise nicht wiedergeben. Sie muss das Feld nach den Abwandlungen eines Typus, zum Krügelglas, zur schlanken Amphore und zur Henkelschale, bahnenweise angeben. Sie ist für die Darstellung von Komplexität überhaupt schlecht geeignet. Das ist auch der Grund, warum Musik und bildende Kunst mehr erleben lassen, als man sprachlich ausdrücken kann.

Dennoch muss das Denken die Sprache angeleitet haben, auch wenn diese davon nur Einiges ausdrücken kann. Und umgekehrt ist die Wirkung der Sprache auf das Denken. Fast ist es so, als ob das, was keinen Namen hat, nach unserem Gefühl auch eine schwächere Existenz besäße. Wir selbst fühlten uns ohne einen Namen unwohl.

Und darüber hinaus ist die Sprache in der Bezeichnung alles Unanschaulichen überlegen. Energie, Entropie, Infinitesimal, selbst das Unendliche, lassen sich, wie zu sehen, leicht hinschreiben, aber nicht anschauend denken.

## Hat die Sprache echte Grenzen?

Wenn man die Begrenztheit unserer Hochsprache untersucht, so ist es nicht leicht, dies zugänglich zu machen. Und zwar schon deshalb, weil man den Eindruck hat – unsere große Literatur bedenkend –, ohnedies alles ausdrücken zu können. Ich meine nun nicht, dass uns bei elementaren Erlebnissen die Worte fehlen. Vielmehr deuten uns schon die Künste an, was die bloße Beschreibung großer Werke allein nicht schafft: die Vielstimmigkeit von Orchesterwerken und das ganzheitliche Erleben in der bildenden Kunst. Zwei dieser Beschränkungen meine ich, vorführen zu können.

Die eine Beschränkung der Lautsprache beruht auf ihrer Linearität. Wenn nun auch die Musik noch in eine lineare Folge gezwungen ist, so wird ein Gemälde weder zeilenweise komponiert, noch wahrgenommen, vielmehr in hierarchischen Schichten von Ganzheiten: der Geometrie, der Zentren, der Figuren, des Lichts, der Farbgabe, des Timbres seiner Komposition. Nur die Fernsehkamera muss es zeilenweise aufnehmen und wiedergeben.

Nach den Bedingungen der Lautfolge kann, was immer, nur in Kettenform mitgeteilt werden. Man kann sagen, dass ein System einen Zusammenhang darstellt, bei welchem es gleich (schlecht) ist, wo man mit der Beschreibung beginnt. Selbst der einfachste Wechselzusammenhang von A, B und C setzt bei der Beschreibung des Zusammenhangs von A und B voraus, dass die Zusammenhänge von B und C, sowie jene von C und A, zunächst unausgesprochen vorausgesetzt werden. Wir haben dafür auch einen sprachlichen Ausdruck, indem wir sagen, »den Faden« (der Beschreibung des Zusammenhangs) an anderer Stelle wieder aufzunehmen.

Die andere Beschränkung hat mit der definitorischen Art ihrer lautlichen Symbolik zu tun. Wald und Baum ist zweierlei, und obwohl uns die Erfahrung lehrt, dass es zwischen den beiden Übergänge gibt, besitzt unsere Sprache dafür keinen Ausdruck. Wir helfen uns mit Formen der Verkleinerung, im Italienischen auch mit solchen der Vergrößerung; wir geben zu, dass eine mächtige Baumgruppe größer sein kann als ein kleines Wäldchen. Aber es bleibt bei Baum und Wald, Haus und Hütte, selbst bei Riesen und Zwergen, ohne Übergang. Die sprachlichen Symbole sind auf Eindeutigkeit getrimmt; Übergänge würden die Eindeutigkeit stören.

Beides nimmt über das Sprachdenken großen Einfluss auf unser Denken. Es leitet zu der ganz verfehlten Erwartung, polymorphen Phänomenen mit der Schärfung von Definitionen entsprechen zu können. Das wird uns im Zusammenhang der Fragen um unsere Logik und den »Sprachrelativismus« noch beschäftigen.

## Was ist sprachlichen Strukturen gemeinsam?

Was auf das Sprachdenken aller Menschen Einfluss nimmt, das sind die »sprachlichen Universalien«. Hierher gehören semantische und syntaktische Grundstrukturen und der hierarchische Bau des Sprechens und Verstehens überhaupt.

Die Sprachen aller Völker kennen Nomina und Verben. Dafür fanden wir in der evolutionären Betrachtung die Begründung. Nomina werden durch die angeborenen Vorgänge der Gestaltwahrnehmung vorbereitet und dem Sprechen mit deren typologischen Lösungen suggeriert. Man denke beispielsweise an den Begriff »Baum«, und man wird zugeben, dass das Gemeinsame, sagen wir: von Fichte und Eiche, nicht sehr merkmalsreich ist. Dennoch gehen wir damit um. Aus der Akademie der Bildenden Künste in Wien wird dazu eine Anekdote erzählt. Der Professor gab den Studenten die Aufgabe, einen Baum zu zeichnen, und kritisierte einen mit den Worten: »Das ist doch kein Baum, das ist eine Birke!«

Was die Bildung der Klasse der Verben anleitet, wissen wir noch nicht so genau; dass der Vorgang aber mit Veränderung, mit Bewegung und deren Interpretation, zusammenhängt, und ganz anders sein muss, als die Bildung der Nomen, ist evident. Denkt man an den Begriff »Laufen«, dann treten keineswegs mehr jene ägyptischen Plastiken auf. Cartoons machen das deutlich: indem bei einem losrennenden Wicht unter seinem Rumpf nur mehr ein Wirbel dargestellt ist, und eine Staubwolke hinter ihm.

Es mag das Universelle dieser Trennung nicht sehr spektakulär erscheinen, es wird aber im Zusammenhang mit dem Sprachrelativismus und den Konsequenzen unseres Sprachdenkens an Gewicht gewinnen.

## Gibt es Gemeinsamkeiten in den Konstruktionen?

Die hierarchische Struktur des Sprechens und Verstehens ist eine zweite folgenreiche Bedingung für das Sprachdenken. Sie bietet drei Aspekte.

Einmal zeigt es sich, dass die meisten unserer Begriffe

selbst in einer Hierarchie von Begriffen stehen. So ist ein Apfel, in den wir bereit sind, hineinzubeißen, ein Ding, das zu den Baumfrüchten, weiter zu den Früchten, den Fortpflanzungsorganen der Pflanzen und zu den Vegetabilien gehört. Ansonsten könnte es ein Reichsapfel oder ein Adamsapfel sein. Denn erst dann erwarten wir, dass er sich selbst aus jener bestimmten Hierarchie von Unterbegriffen zusammensetzt, die wir als Fruchtfleisch, Zellen usf. kennen.

Ein andermal zeigt die Analyse, dass ein Sprechakt selbst hierarchisch aufgebaut ist. Er führt vom Gedanken oder Kontext über die Satzgliederung und das Wort zur Silbe und zum Phonem und steuert von dort das Sprechen. Und beim Verstehen zeigt es sich, dass das Phonem gespeichert wird, bis das Wort erhellt, und das Wort, bis der Satz und der Kontext verstanden sind.

Das macht, drittens, der Vorgang der Entzifferung deutlich. In Bezug auf einen Brief mit sehr ungewohnter Handschrift haben wir das alle schon erlebt. In der Ebene der Buchstaben sind »u«, »n« und »v« oft nicht eindeutig unterscheidbar. Das kann auch für »g«, »j« und »y« gelten. Stellt es sich heraus, dass man oft die Dreiergruppe (»x«nd) findet, so wird es sich um ein »u«, das Wörtchen »und«, handeln. Zeichen erklären sich also aus Worten, so wie sich Worte aus gedeuteten Zeichen zusammensetzen.

Entziffern wir das Wort »Strauß«, so sagt es uns noch nicht, ob ein Blumengebinde, ein Vogel oder ein Komponist gemeint ist. Die Wortbedeutung geht aus dem Satz hervor, ebenso wie der Inhalt des Satzes aus seinen Worten. – Und ob der Satz ironisch gedacht ist oder nicht, ist dem Satz nicht zu entnehmen. Das ergibt sich aus dem Kontext, wie der Kontext aus seinen Sätzen.

Wir haben hier ein Vier-Schichten-System vor uns: Zeichen-Wort-Satz-Kontext. Und die Entschlüsselung zeigt bereits drei Wechselbezüge der Aufklärung, der »wechselseitigen Erhellung«, sagt man, und meint damit das Prinzip der »Hermeneutik«. Der Begriff geht auf Hermes, den Götterboten, zurück, weil es zunächst um die Deutung heiliger Texte ging, und sich erst später eine *Hermeneutica prophana* anschloss. Sie gilt als die Methode der Geisteswissenschaften. Ihre Parallele zu den Methoden der Naturwissenschaften ist ein wichtiges Thema wissenschaftlicher Methodik und wird uns noch begegnen.

## Gibt es grundsätzliche Sprach-Unterschiede?

Gegenüber solchen Universalien kennt man naturgemäß eine Vielfalt von Unterschieden zwischen den Sprachen der Völker. Ich will eine Grundunterscheidung darstellen, weil sie zur Ursache von Problemen wurde, welche unseren Sprachtyp, unsere Logik und unser Sprachdenken beherrscht.

Ich gehe von der Unterscheidung von Nomen und Verben aus, der wir eben begegneten. Der Verwendungsgrad der beiden ist aber in den Großfamilien der Sprachen verschieden. Vergleichende Sprachforscher stellen das bildlich als zwei Häufungen von Nomen und von Verben auf einer Achse, mit zwei Glockenkurven, dar. Das ist wieder etwas technisch, für unsere Belange aber einfach. In den »zirkummediterranen« Sprachen, die vom Griechischen beeinflusst sind, berühren sich die beiden Glockenkurven nur wenig, in den »zirkumpazifischen« überlappen sie aber sehr weit. Das Chinesische werde ich von nun an als Beispiel nehmen.

Die relative Entfernung von Nomen und Verb hat im Griechischen ein Kunstwort einführen lassen, welches die beiden verbindet. Das ist die »Kopula« und meint im Deutschen die Worte »ist« und »sein«. Damit ist das Sprechen in Klassenbegriffen nahe gelegt, der Typ des griechischen Aussagesatzes: »*Sokrates* ist ein Mensch«. Und der Aussagesatz legt wiederum die Bildung einer Form des Sprechens nahe, die uns als »logischer Schluss« vertraut ist: »*Sokrates* ist ein Mensch, alle Menschen sind sterblich, ergo ist *Sokrates* sterblich.«

Was uns, nach Art unserer Schulbildung und des Sprechens in unserer Sprachumgebung, als eine Selbstverständlichkeit (nämlich des Gebildeten) erscheint, ist in Wahrheit sehr eigenartig – nämlich eine Eigenart unserer Sprache. Wir betreten damit das Thema des »Sprachrelativismus«, das, wie wir später sehen werden, auch in das Thema »Kulturrelativismus« hinüberführt.

Es ist nahe liegend, dass Sprachen von dem Ambiente beeinflusst sind, in welchem sie gesprochen werden; dass beispielsweise Eskimos andere Dinge ihrer Welt differenzieren als Pygmäen. So haben Eskimos viele Namen – je nach Beschaffenheit – für Schnee, den Pygmäen nie gesehen haben. Auch haben Hochkulturen ihre Sprachen weiter oder doch anders differenziert als Naturvölker. Das alles kann, schon aus Raumgründen, hier nicht das Thema sein. Ich will dafür einen Unterschied erörtern, dem wir eben begegnet sind, und welcher gerade unseren Sprachtyp relativieren lässt. Und das ist nicht nur von Interesse, weil er der unsere ist, sondern weil diese Sprachform die Welt überzogen, in einem gewissen Sinn sogar erobert hat.

Wenn es im nächsten Abschnitt um das Entstehen der Logik geht, werden wir uns mit der Genese unserer Sprech- und Denkformen befassen. Hier will ich die Unterschiede vorwegnehmen, welche die beiden Großfamilien der Sprachen ihren Kulturen appliziert haben.

Unsere Sprachform suggeriert, auf Grund ihrer Schlussformen, das Zerteilen und Unterscheiden. Dem Chinesischen, das ich als Hochsprache aus dem pazifischen Raum zum Vergleich nehme, ist diese Teilung nicht nahe liegend. Das Verbindende steht vielfach im Vordergrund.

Uns erscheint das Analytische, das Zerteilen, als ein gehobener intellektueller Akt, und zwar ohne dass wir uns dann noch sehr um die Konsequenz unserer Zerteilung kümmerten. Es kann kein Zufall sein, dass es unsere Sprache ist, die daran beteiligt war, zunächst Glauben und Wissen zu trennen, dann Philosophie und Wissenschaften, Natur- und Geisteswissenschaften, und diese in zahllose Fächer und Subsprachen. Damit ist ein Partikularismus entstanden, der es zwar erlaubt, ungeheures Material anzuhäufen, der es aber gleichzeitig zulässt, diese angehäuften Fragmente unserer Kultur nicht nur beziehungslos, sondern sogar widersprüchlich nebeneinander herziehen zu lassen.

Die chinesische Kultur machte, vor dem Eindringen europäischer Einflüsse, solche Trennungen nicht. Sie fand, trotz ihrer Differenzierung, Beziehungen zwischen Glauben und

Philosophie, und trennte auch Philosophie und Wissenschaften in keiner so radikalen Weise. Das chinesische Weltbild ist eine Einheit geblieben, während sich das unsere zerteilte. Auf die Konsequenzen will ich im Rahmen des Themas »Gesellschaft« zurückkommen.

## Wäre Kommunikation mit Außerirdischen denkbar?

In der »Kosmologie« hatten wir die physikalische Seite des Themas betrachtet. Wenn man es breiter angeht, stellt sich manchem auch die Frage, ob den Formen menschlicher Sprache und Intelligenz andere, außerirdische, Formen vergleichbar sein könnten. Freilich ist das Sciencefiction. Und wir haben auch schon bedacht, dass es unwahrscheinlich sein muss, außerirdischer Intelligenz zu begegnen. Dennoch produziert ein solches Thema einige Prüfsteine, die jedenfalls dazu angetan sein können, über das Verhältnis der sprachlichen Intelligenz der Menschen zu den Dingen der außersubjektiven Wirklichkeit nochmals nachzudenken.

Soll ein Vergleich mit möglicher, außerirdischer Intelligenz versucht werden, so müssen wir für diese gewisse Minimalbedingungen voraussetzen. Dass es ihr beispielsweise darauf ankommt, trotz allen Wandels erhalten zu bleiben. Damit setzen wir Abhängigkeiten von ihrem Milieu voraus und müssen dieses nach unseren universellsten Einsichten bestimmen.

Sollte es richtig sein, dass diese Welt, wie es uns erscheint, neben allem Wandel Stetigkeiten besitzt, die wir Bedingungen oder Gesetze nennen, dann wird sich jene andere Intelligenz auf diese ebenso einstellen müssen. Sie muss daher wahrnehmen können und irgendeine Art von Gedächtnis besitzen. Wenn die Welt in ihren Bauteilen hoch redundant ist, aber nicht ganz deterministisch, dann müsste auch diese Intelligenz nur durch Wiederbeobachtung Gesetzliches vom physikalischen Zufall unterscheiden. Und wenn es, wie wir die Welt sehen, richtig ist, dass sich die Dinge zwar wiederholen, aber nie in identischer Weise, dann wird auch hier ein typologischer Speicher einem fotografischen überlegen sein.

Diese Überlegungen haben etwas von der Spielerei der »artificial life«-Projekte und dennoch einen erkenntnistheoretisch interessanten Hintergrund. In einer Abwandlung der obigen Argumente kann man nämlich fragen, was ein außerkosmischer Forscher von unserer Welt erfahren kann, wenn er nur die Funktionen unseres Sinnes- und Erkenntnisapparates, diese aber genau kennt. Er würde erkennen, dass die Welt, die uns umgibt, teils indeterministisch, teils gesetzlich stetig ist und hoch redundant, die Dinge sich aber nicht identisch wiederholen.

Das bedeutet, dass auch wir, wüssten wir nichts über diese außersubjektive Wirklichkeit oder hätten wir Grund, an allem in ihr Wahrgenommenen zu zweifeln, allein aus der Art unseres Erkenntnisapparates jene Aussagen über die Welt machen könnten. Das aber gehörte schon in das Kapitel »Vernunft und Verstand«.

Und nun? Wäre Kommunikation mit außerirdischer Intelligenz denkbar? Im Rahmen jener Einschränkungen vielleicht; nur die Begegnung ist ganz unwahrscheinlich.

## Die Folgen und die Folgeprobleme

Unsere Sprache und unser Sprachdenken haben es erlaubt, eine ungemein komplizierte Zivilisation aufzubauen, und sie ist durch jene Anleitungen selbst nochmals komplizierter geworden. Das festzustellen, ist trivial. Interessanter ist die Frage, welche Folgen und Probleme sich aus der spezifischen Art unseres Sprachdenkens ergeben.

### Woraus ist unsere Logik entstanden?

Ein Kennzeichen des Denkens in unseren europäischen Sprachen ist ihre Logik; eine spezielle Art von Logik, wie wir sehen werden.
Entstanden ist sie in der Folge des Aussagesatzes und das durch ihn angeleitete Schließen, und zwar durch *Aristoteles* und seine Zeit, aus dem Bedürfnis, die Umgangssprache von den ihr möglichen Widersprüchlichkeiten zu befreien, den so genannten Antinomien.

Im klassischen Beispiel lässt man einen Kreter sagen: »Alle Kreter sind Lügner.« In Kurzform genügt die Behauptung: »Ich bin ein Lügner.« Um Antinomien auszuschließen, entwarf man eine Logik, die man als »zweiwertig« bezeichnet, weil sie nur wahre und falsche Aussagen zulässt. Eine dritte Möglichkeit, dass etwas möglich, wahrscheinlich, zu erwarten oder zu erhoffen wäre, wird ausgeschlossen: *tertium non datur*. Damit wird Sicherheit erreicht, allerdings unter Verzicht auf all das, was unsere Entscheidungen in dieser komplizierten und nicht ganz determinierten Welt im Alltag, wie in den Wissenschaften, lenkt.

Erst in jüngerer Zeit ist die damit eingeführte Denaturierung unseres Sprachdenkens stärker empfunden worden, und man versucht, mit neuen Methoden gegenzusteuern. Die *»fuzzy logic«* sei hier erwähnt; mit einer Relativierung des *tertium non datur.*

Ein zweites Problem ergibt sich aus der Frage, was mit dem logischen Schluss, dem Syllogismus, gewonnen und was verdunkelt wird. Gewonnen wurde die Möglichkeit einer Erziehung zu eindeutiger Sprechweise, eine bedeutende Entwicklung der Mathematik einschließlich der ganzen Computerwelt. Das liegt auf der Hand.

Was aber bereitet Probleme? Es ist der Vergleich von Logik und realer Wirklichkeit. Nehmen wir zunächst die Frage, wie man von allen Repräsentanten einer Gruppe von Dingen etwas wissen kann. Schon bei der Behauptung: »Alle Menschen sind sterblich« konnten sich wohl schon die Griechen fragen, wie denn das mit den Viertel- und Halbgöttern wäre, und bei dem Satz: »*Sokrates* ist ein Mensch«, ob er nicht doch ein Halbgott gewesen sein könnte.

Ist ein Merkmal, auch vom letzten Repräsentanten einer Klasse, bekannt, dann ist die Aussage ein Faktum und der daraus gezogene Schluss trivial. Ist aber nicht alles bekannt, sondern wird vielmehr erwartet, durch den Schluss neue Einsicht gewonnen zu haben, dann ist das, als Hoffnung auf einen »wahrheits-erweiternden Schluss«, ein Irrglaube. Schon die Griechen erkannten dies als eine *»petitio principii«*, eine »Erschleichung des Beweisgrundes«. Die Unmöglichkeit einer solchen Erweiterung kann man der Frage entnehmen: »Wie viele Schwäne ich als weiß gesehen haben muss, damit auch der nächste Schwan, den ich sehen werde, weiß sein müsste?« Noch einen weißen Schwan oder einhundert? Gleichviel, hinter ihnen allen warten doch noch der Schwarzhals-Schwan und der Trauer-Schwan.

## Ist unsere Logik begründbar?

Begreiflicherweise ist schon früh nach einer Begründung unserer Logik gesucht worden. Und sogleich schieden sich die Geister. Denn man kann ja eine pragmatische wie eine logische Begründung bedenken. Die pragmatische ist leichter abzuhaken, wenn man anerkennt, dass allein zur Verständigung ein Ordnungssystem in Syntax und Semantik durchgesetzt sein muss. Und wenn man nicht mehr annimmt, dass uns die Worte von Gott gegeben wurden, was ja lange eine offene Frage war, dann müssen wir sie eben als hausgemacht hinnehmen.

Anders ist es mit der Frage, ob eine zwingende, oder, provozierender ausgedrückt, ob eine »logische Begründung der Logik« denkbar ist. Die Geschichte dieses Themas hat ebenfalls zu einer Polarisierung geführt. Am Ende, wie man sich ausdrückt: zu alternierenden »Gefangenschaften«.

Sollte die Logik dieser Welt, jenseits des uns Erfahrbaren, vorgegeben sein, so ist damit eben eine Begründung aus der uns möglichen Erfahrung ausgeschlossen. Sie sitzt dann unbegründbar im »Gefängnis der Metaphysik«. Sollte sie aber psychologisch zu begründen sein, so stellt sich ja die Frage, wie denn eine sich wandelnde Psyche der Logik feste Gesetze begründen könne. Dann sitzt sie im »Gefängnis der Psychologie«. Sie kann wandern zwischen den beiden Zellen. Aber heraus kann sie offenbar nicht.

## Ist unsere Logik ersetzbar?

Seit den Forschungen des *Alexander Luria* ist man darauf aufmerksam geworden, dass Naturvölker den Syllogismus nicht verwenden. So stellte er einer sibirischen Bäuerin die Frage: »Im hohen Norden sind alle Bären weiß, Kamtschatka liegt im hohen Norden: Welche Farbe haben dort die Bären?« Die Bäuerin erklärt, dass sie noch nie in Kamtschatka war, er möge jemanden fragen, der dort war. *Luria* besteht nochmals auf dem logischen Schluss; aber die Bäuerin antwortet höflich, dass man es sich bei ihnen abgewöhnt hätte, über Dinge zu urteilen, die man nicht kennen könne.

Man mag dazu neigen, über die Unbildung der Bäuerin zu lächeln. Ich betrachte dagegen ihre Überlegung als beherzigenswert. Denn was hinter dem ganzen Thema steht, das ist die Bedeutung und die Problematik der empirischen Erfahrung.

Zudem wissen wir, dass auch unsere Kinder den Syllogismus nicht verwenden. Selbst dann nicht, wenn man ihnen zeigt, dass sie sich mithilfe des logischen Schlusses einer Schwierigkeit entziehen könnten. Und es entsteht damit die Frage, wann, und über welchen Weg, der Wandel zu der uns als gebildet erscheinenden Form des Sprachdenkens erfolgt.

In der Kinderpsychologie spricht man von einer »Cartesianischen Wende«: einer Wende von der naiven Empirie des Denkens zu einer Art Rationalismus, wie sich diesen *Descartes* dachte. Er besteht hier in der Akzeptanz der Möglichkeiten der Deduktion, also der Ableitung von Bedingungen aus Sätzen und Gesetzen. Und es spricht vieles dafür, dass das mit der Hinnahme der Gesetze der Syntax und des Rechenwesens erfolgt. Ich will das nicht Indoktrination nennen. Und doch handelt es sich um Erziehung, das Hineinziehen unserer Kinder in Vereinbarungen unserer Kultur, die sich zwar als nötig, sogar als erfolgreich erweisen, dennoch aber schwer zu begründen sind.

Das Chinesische, um nochmals auf die erhaltene Hochsprache aus der pazifischen Familie zurückzukommen, verwendet unsere Form des Syllogismus auch nicht. Wenn man von einer chinesischen Logik sprechen will, dann ist auch sie der Erfahrungswelt näher. Das zeigt sich darin, dass man zur näheren Bestimmung eines Begriffes nicht, wie das bei uns der Fall ist, die Definition schärft, also die Ränder eines Begriffes, sondern, dass man, durch Analogien, seine Mitte weiter verdeutlicht.

Die Ränder bleiben offen. Und das ist ganz entscheidend. Denn wo immer es sich um polymorphe Systeme handelt, und alle Gegenstände dieser komplexen Welt setzen sich aus mehr als einer Eigenschaft, fast immer aus sehr vielen, zusammen, müssen die Ränder unscharf sein. Und es ist viel aufschlussreicher, die Übergänge vom Begriff »Berg« zum Hügel, zur Anhöhe, zum Massiv, zur Erhebung, zum Gebirge zu kennen, als den Begriff Berg scharf zu definieren, was nichts bringt.

Wenn man also von einer chinesischen Logik sprechen will, dann ist es eine »transitorische Logik«. Es werden die Übergänge wahrgenommen. Dem gegenüber erweist sich die unsere als eine »definitorische Logik«, als ein Kästchensystem, wo für Baum und Wald, Haus und Hütte, Berg und Hügel jeweils eine andere Lade zu öffnen ist, zwischen welchen das trennende Brettchen jedoch nicht zu entfernen ist.

Aber zurück zur Frage: Ist unsere Logik ersetzbar? Im Grunde ist sie es nicht. Zu tief hat sie unsere Kultur geprägt. Unser definitorisches Sprachdenken durch das transitive des Chinesischen ersetzen zu wollen, oder umgekehrt, würde beide Kulturen stören – wie viele Empfehlungen es auch schon gibt, und zwar zu Recht, sich fernöstlichen Denkens anzunehmen.

Doch eines müssen wir, ein anderes sollten wir tun. Wir müssen die Mängel im Auge behalten, wollen wir uns mit unserem logischen Weltverständnis nicht in die eigene Tasche lügen. Logik ohne Erfahrung ist leer, und wir sollten uns fachlich neue Formen von Logiken entwickeln, deren Strukturen der realen Welt näher kommen. *Carnaps* bedeutendem Werk »Der logische Aufbau der Welt« soll man »den weltlichen Aufbau der Logik« gegenüberstellen.

### Wie verhält sich unsere Innenwelt zur Außenwelt?

So ergibt sich die interessante Frage, wie sich wohl unsere Sprach-Denk-Welt zur außersubjektiven Wirklichkeit verhält. Auch das hat man längst ins Auge gefasst. Eine besonders schöne Stelle findet sich dazu in *Goethes* »Faust«, wo der als Professor auftretende Mephisto den Schüler systematisch in die Irre lenkt:

»Mit Worten«, lehrt er ihn, »lässt sich trefflich streiten, mit Worten ein System bereiten.«

So ist es. Wir haben uns eine riesige »Innenwelt« starrer Worte fabriziert, die trotz ihrer Starrheit noch alle verschieden definiert, interpretiert, gewogen und hinterfragt werden können, und die sich bis zum völligen Schwebezustand von der Welt, in der wir handeln und überleben, abheben kann.

Eine auch fachlich diskutierte Gruppe solcher Worte kennt man unter dem Titel der »theoretischen Therme«, die auch den exakten Naturwissenschaften wichtig sind, obwohl sich für sie in der Natur kein physisches Äquivalent findet, ein solches nicht einmal vorhanden zu sein braucht. Dennoch sind sie nützlich, vielfach sogar unentbehrlich, und rechtfertigen sich, indem sie Prognosen über Naturgeschehen fördern, welche ohne ihre Verwendung kaum erreichbar wären.

So mag unsere schwebende Wortwelt auch ganz allgemein zu rechtfertigen sein. Nur sei der Umstand nicht aus dem Auge gelassen, dass es sich um eine Kunstwelt der Symbole handelt, deren syntaktisch-semantisches Eigenleben an der Erfahrung scheitern können muss.

## Begründet Logik die Mathematik?

Eine Kunstwelt von besonders hoher Form und Differenzierung ist unserer Kultur, über Zahl und Maß, mit der Mathematik entstanden. Sie steht zwar in engem Zusammenhang mit der Logik, kann aber durch sie nicht begründet werden, weil, wie gesehen, die Logik sich selbst nicht zu begründen vermag.

So nimmt sich zunächst wie ein Wunder aus, in welchem Maße dieses System in die Welt passt oder, genauer, wie viel von dieser Welt mathematisch erfasst werden kann. Wie erinnerlich, staunte man schon über den pythagoräischen Lehrsatz, über die Verdoppelung des Quadrats über seine Diagonale, oder dass die Halbierung der Saite der Lyra dem Wohlklang der Oktave entspricht.

Es ist mitvollziehbar, wenn die Schule um *Pythagoras* und die folgenden »Italischen Mathematiker« an eternale Prinzipien dachten, die der Welt, wie unseren Sinnen und unserem Verstand gleichermaßen vorgegeben sein müssten. *Platon* meinte später, dass sie an diesen einen Anteil oder eine Erinnerung hätten. Und gewiss sind heute noch manche Mathematiker Platonisten. Das sei später noch weiter verfolgt.

Freilich steht auch viel Geschichte und praktische Erfahrung hinter der Entwicklung der Zahlen und der Mathematik. Schon Tiere können Mengen bis acht oder neun auseinander halten. Mit Ordinalzahlen scheitern sie dagegen schon beim Begriff des Dritten und Vierten. Dagegen treffen sich in unserem Zahlenbegriff die Abstraktionsformen der Kardinal- und Ordinalzahl. *Piaget* hat die Entwicklung dieser Formen bei unseren Kindern aufgeschlossen.

Heute wünschte man im Begründungsproblem nachweisen zu können, dass es sich um ein widerspruchsfreies und geschlossenes System handelt. Und das hat in der Philosophie der Mathematik zur so genannten »Grundlagen-Krise« geführt, die zwar weitgehend geklärt, aber nicht behoben ist. Denn es konkurrieren drei Lösungen: eine beruft sich auf Intuition, eine auf Konventionen und eine auf das Formale, womit der Inhalt vernachlässigt oder vergessen werden kann.

Heute muss man die Existenz unentscheidbarer Fragen anerkennen, und dass das System, über die Mengenlehre, nach oben doch offen ist. Aber da selbst der Kosmos kein geschlossenes System sein mag, dürfte der immer wiederkehrende überhebliche Traum von Determination, Eindeutigkeit und Gewissheit über unser ganzes Wesen von Kommunikation, Sprache und mathematischer Logik wieder einmal ausgeträumt sein – was uns zu einer Abklärung und zu einer neuen Zuwendung zur Natur führen sollte.

Begründet also die Logik die Mathematik? Das hängt davon ab, was man unter einer Begründung verstehen will. Gewiss hat unsere Logik die Entwicklung der Mathematik angeführt oder doch ermutigt. Da sie aber selbst nicht zu begründen ist, kann sie, in diesem Sinne, auch die Mathematik nicht begründen.

*So bedeutend Sprache für uns ist, vergesse man ihre eigentümliche Entwicklung nicht, deren Produkt sich von unseren Anschauungsformen gründlich, nämlich wie Definitorik zu Typologie, unterscheidet. Die Widersprüche müssen wir hinnehmen und dürfen dem Sprachdenken nicht alleine vertrauen.*
*Und nochmals ist unsere, auf die Struktur des Griechischen zurückgehende Sprechweise gegenüber anderen Sprachformen, etwa dem Chinesischen, zu relativieren, da uns die Distanz von Nomen und Verben das Kunstwort der »copula« (ist und sein) eingetragen hat, und über diesen Weg keine transitive, sondern die Beschränkung einer definitorischen Logik. Die Fallstricke, die das für unser Verständnis der komplexen Welt bietet, seien darum nicht übersehen.*

# Teil 7 Sozietät

*An das Werden von Bewusstsein und Sprache schließt die Entwicklung zweier neuer Phänomene an: Sozietät und Vernunft. Sie sind miteinander und weitgehend in Wechselwirkung entstanden. Ich nehme die Sozietät nur deshalb vorweg, weil sie die tieferen Wurzeln hat.*
*Die Strategie der Evolution hat solitären Formen, dann Kolonien und anonymen Verbänden vom Typ Heringschwarm Erfolg gebracht, endlich gerangten Sozietäten, deren Ränge entweder erblich festgelegt, Typ »soziale Insekten«, oder aber durch Zank und Drängelei ständig nachgerangt werden. Unsere Sozietät entstammt und entspricht der Drängelform.*

## War es notwendig, dass Sozietäten entstanden?

Die Evolution hat mit Massenprodukten Erfolg gehabt. Ob das hätte anders sein können, haben wir schon überlegt. Auf unserer Erde scheint es, wenn nicht die beste, so doch die erfolgreiche Lösung gewesen zu sein, Massenprodukte von Bauteilen, ebenso wie Massenprodukte von Individuen zu produzieren.

Massenprodukte von Bauteilen, hunderte fast gleicher Füße, Millionen und Milliarden gleicher Nervenzellen, Trilliarden gleicher Biomoleküle kann man aus dem Nutzen billiger Ordnung verstehen; ähnlich wie die tausend gleichen Fenster, die vielen Millionen gleichen Ziegel unserer Großbauten als Einsparung von Konstruktionsaufwand und Vereinfachung der Passung.

Bei den vielen Millionen annähernd gleichen Individuen einer Art werden jene Prinzipien auch gelten; aber eines kommt noch hinzu. In größerer Menge kommen einige leichter durch. Es gilt, der stochastischen, der nicht vorhersehbaren, Störung zu begegnen. Wann ein Pantoffeltier vertrocknen, eine Schnecke zertreten, ein Fasan geschossen werden wird, ist nicht vorhersehbar. Und es gilt das Prinzip: Je unsicherer das Fortkommen, umso mehr Nachkommen sind zu produzieren.

Daran schließt sich der Vorteil der Gruppenbildung. Der einzelne Hering, die einzelne Saatkrähe kann von jedem

Raubfisch und Raubvogel erwischt werden. Stößt ein Räuber dagegen in einen Schwarm, bietet sich kein konkretes Ziel, vor seiner Stoßrichtung weicht der Schwarm auseinander und er stößt ins Leere. Zumindest ist der Verlust in der Gruppe minimiert. Dagegen entstehen wieder Treibjagd-Strategien. Und freilich setzt sich diese Entwicklung fort.

Nun ist der Heringschwarm noch ein anonymer Verband. Es gibt kein individuelles Kennen, seine Bewegung wird von der Masse gelenkt, vielfach planlos und mit allen Folgen der Planlosigkeit. Die verlässlichere Form ist gezielte Lenkung. Das verlangt Anführer und Geführte – und damit individuelles Kennen und Bewähren. Und das ist es wohl erst, was wir eine Sozietät nennen; und sie ist vielen, in Gruppen lebenden Arten, als Überlebenshilfe aufgedrängt worden. Es ging nicht anders.

## Sind wir soziale oder sozialisierte Wesen?

Zunächst ist unsere Spezies durch den Druck der Selektion sozialisiert worden, wodurch wir nun von Haus aus soziale Wesen sind.

So gehören auch Sozietäten zu unserem Schicksal. Und zwar so verlässlich, dass wir uns, zum Nutzen der individuellen Entwicklung, als Säugling, Tragling und Spielkind lange Zeiten der Schutzbedürftigkeit leisten können. Vieles in unserem Gruppenverhalten ist daher angeboren. Das beginnt mit dem Gesichtererkennen, führt über den »Schutzort Mutter« und reicht wohl bis in die Gruß-, Werbe-, Dominanz- und Unterwerfungs-Gesten; vielleicht bis in die Bildung von Koalitionen und Gangs.

Und es liegt wieder auf der Hand, dass auch erblich bedingt soziale Wesen der Sozietät bedürfen, um soziale Wesen zu werden. Das gilt allein schon für den Spracherwerb. Wiewohl auch schon vieles als Sprech- und Verstehens-Prinzipien angeboren sein muss, sodass unsere Kinder kaum mehr Sprache, sondern fast nur mehr Vokabeln lernen. Dabei ist das Üben des Hörens und Sprechens unentbehrlich. Wir kennen zwar nicht viele Kaspar-Hauser-Fälle, aber alle zeigen, dass es sogar prägende oder sensitive Phasen im Spracherwerb geben muss, die bei Versäumnis nicht mehr nachzuholen sind.

Und freilich ist auch das soziale Milieu der Sozialisierung, wenn nicht unentbehrlich, so gewiss dienlich. So wird es Lieblings-Streitfrage politischer Lager bleiben, ob das asoziale Wesen die alleinige Verantwortung für sein Handeln trägt, oder wie viel davon seinem Milieu anzulasten wäre.

Als gewiss kann gelten, dass wir uns auf einem Gradienten zwischen dem Bedürfnis nach schützender Konformität und unverwechselbarer Individualität befinden, auf dem wir uns, je nach der Einschätzung unserer Lebensumstände, hin und her bewegen. Und zwar ohne diesen Antagonismus aus Angst und erhöhtem Selbstwertgefühl als Dilemma zu erleben.

## Wie entstehen Sozietäten?

### War die Hackordnung nicht zu vermeiden?

Soweit wir sehen, sind der Evolution nur zwei Wege eingefallen, Sozietäten zu organisieren. Ein Weg zur Lösung führt zu den »Sozialen Insekten«: Bienen oder Ameisen. Für unsere Begriffe vom Sozialen ist das Prinzip jedoch höchst unsozial; denn das Schicksal, ein Leben lang als Arbeiter oder Soldat, als Drohne oder Königin vegetieren zu müssen, wird hier bekanntlich erblich für das ganze Leben festgelegt.

Der zweite Weg führt über die Hackordnung, wie man sie schon vom Hühnerhof kennt. Man kann diese Lösung, in der vorgesehen ist, fortgesetzt zu kontrollieren, wer wen hacken darf, eher als Rüpelei denn als sehr sozial empfinden. Dieses Prinzip der ewigen Plackerei scheint sich aber deshalb durchgesetzt zu haben, weil es, und zwar jeweils nach Tages- und Gruppenverfassung, dem eben jeweils Stärkeren, Frecheren, Aggressiveren bessere Reproduktions-Chancen sichert. Das strafft das Genmaterial und dient der Arterhaltung. Schon dies ist als Strategie den erblichen Rängen überlegen. Es kommen dann auch noch Vorteile für Beuteerwerb und Verteidigung hinzu, wovon aber später die Rede sein soll.

Freilich sind Regulative eingebaut, weil ansonsten nur mehr rabiate Sozietäten entstünden. Auch diese sind an höheren Arten besser darstellbar. Wir kommen darauf zurück.

Wären wir eingeladen gewesen, bei der Strukturierung von Sozialisierungs-Strategien mitzureden, hätten wir wohl eine egalitäre Gesellschaft vorgeschlagen oder eine Rangfolge nach Humanität und Weisheit. Aber erstens sind wir nicht gefragt worden und zweitens hätte sich unsere Art damit wohl nicht erhalten.

### Ist Aggression angeboren?

Ein solcher Weg zu Sozialstrukturen setzt Aggressivität voraus, zum Mindesten eine moderate. Und es wird leicht vergessen, dass Aggression eine nicht nur tiefe, sondern auch harmlose Wurzel, von bedeutendem Nutzen für alle, hat. Sie beginnt schon bei Fischen, wenn es darauf ankommt, sich den Nachbarn vom Leibe zu halten. Dabei gilt die Regel, dass sich der Eindringling aus einem besetzten Territorium auch vertreiben lässt.

Der Prozess ist ungefährlich, und der Nutzen liegt auf der Hand. Wenn jeder jeden auf Distanz hält, vergrößern sich die Territorien und der Flächenbesitz der ganzen Population – und damit das Einzugsgebiet für Futter sowie die Zahl der guten Laichplätze, Lauerpositionen und Verstecke.

Freilich hat sich die Evolution mit diesem Vorteil wieder allerhand eingehandelt, was uns beschäftigt, wenn es uns selber betrifft: die Aggressivität in der menschlichen Gesellschaft.

Das ist wieder ein Thema für sich, inklusive der Frage, ob wir bereits mit einer gewissen Aggressivität ausgestattet sind, oder ob diese nur durch Frustration erzeugt werde. Wobei natürlich die Konsequenz von Interesse ist: die Frage, wer für eine aggressive Handlung verantwortlich zu machen wäre.

Nun ist gewiss schon die Anlage sehr verschieden. Und neue Erfahrungen lassen an deren genetischer Verankerung und Vererbung kaum zweifeln. Dem entgegen gibt es aber Lebenssituationen, die selbst den Lammfrommsten in Harnisch bringen. Die Frage nach der Schuldzuweisung ist in der menschlichen Gesellschaft also gewiss nicht einfach.

Dennoch wären wir schlecht beraten, würden wir generell, wenn auch nur auf Verdacht, nicht mit einer Anlage auslösbarer Aggressivität rechnen.

## Sind soziale Ränge eine Notwendigkeit?

Wie erinnerlich, ist der lenkbare Verband durchgesetzt worden, weil er der Zufallsbewegung oft überlegen ist. Das verlangt höhere Sinnesleistungen für das individuelle Kennenlernen, Bereitschaft zur Auseinandersetzung und Gedächtnis für den Wandel von deren Ergebnissen. Bei Affen ist das längst gegeben und darum auch kein Wunder, dass es auf uns Menschen übergekommen ist.

Erfahrene Tiere lenken zu genießbarem Futter, guten Futter- und Schlafplätzen, und bei Raubtier-Angriffen müssen die kräftigen, hochrangigen Alpha-Männchen an die Front. Das ist gefährlich bis lebensgefährlich. Aber einfache Gesetze der Arterhaltung treiben sie an. Denn es geht nicht, etwa den Räuber mit den vorgeschickten Kindern satt zu machen, um in Sicherheit zu bleiben. Alpha-Männer sind leichter ersetzbar; zumal jüngere schon auf die hohen Ränge nachdrängen.

Daraus ergibt sich ein erstaunliches Regulativ, das aus einer Korrelation von Rang und Risiko besteht. Der Einsatz der Männer an der Front spielt sich vor aller Augen der Truppe ab, die hinter ihnen rennt und kreischt. Doch wenn einer kneift, was ihm wohl nicht zu verdenken ist, verliert er seinen Rang, alles, was für einen Oberaffen das gehobene Leben ausmacht. Er darf nicht mehr beliebig prügeln und beißen, nicht mehr als Erster ans Futter, und er verliert seinen ganzen Harem.

Ich bin in dieser Einzelheit ausführlich, weil sie viel Licht wirft auf entsprechende Verhältnisse, die wir in unserer modernen Gesellschaft noch finden werden. Hier jedenfalls liegt eine der Wurzeln für die arterhaltende Funktion der Ränge.

Aber noch eine frühe Funktion der Ränge bleibt zu bedenken. In der Regel dürfen nur die Alpha-Tiere reproduzieren. Wie oft das auch umgangen sein kann, es mag eine regulierende Funktion für die Dichte der Population haben. Auch das wird in unserer Gesellschaft anders aussehen.

## Sind Regulative gegen Aggression entstanden?

Wenn sich nun Ränge, Rangstreitigkeiten und Aggression als arterhaltende Funktionen erweisen, müsste sich das ja wohl auch gegen die Art wenden, sie aufreiben können. – Das könnte gewiss so sein, wären nicht gegensteuernde Regulative vorgesehen. Zwei sind leicht darstellbar: Ritualisierung und Tötungshemmung.

Beschädigungskämpfe werden durch Rituale reguliert. Wieder liegt ein altes Prinzip vor. Die Körpersprache ist für Rituale bereits höchst disponiert. Schon bei Vögeln kann der Wunsch, ein Nest zu bauen durch Herumzeigen des Baumaterials ausgedrückt werden.

So ist es gar nicht so erstaunlich, dass an die Stelle lebensbedrohender Kämpfe die seltsamsten, Kraft demonstrierenden Aufführungen treten. So rennen Hirsche einander nicht ihre Zwölfender in die Weichen, sondern paradieren mit Imponiergehabe muskelzitternd aneinander vorbei, bis sie ihre Geweihe mit einiger Vorsicht verhaken und so lange rangeln, bis einer in die Knie geht und die von den Damen umstandene Lichtung verlässt.

Analog wirkt die Tötungshemmung. Bei nicht überzüchteten Hunden führt eine Rauferei dazu, dass sich der unterliegende Hund auf den Rücken wirft, unterwerfend pinkelt und dem Gegner seine empfindlichsten Körperstellen, Bauchdecke und Kehle, zum Zubeißen anbietet. Und, erstaunlich genug, der Angreifer kann nicht mehr zubeißen und dreht ab.

Auch davon werden wir Reste in unseren Sozietäten finden. Denn unsere ganze Gesellschaft kennt Aggression, Ränge, Rangstreitigkeiten und Regulative. Ganz offenbar ein Erbe, mit dem wir leben müssen.

# Über die Produkte

## Empfiehlt sich eine hierarchisierte oder eine egalitäre Gesellschaft?

Aus jenem Erbe ergeben sich schicksalhafte Konsequenzen. Die erste hat mit der Gliederung unserer Gesellschaft zu tun. Unter dem Eindruck des Widerspruchs zwischen beanspruchten Rängen und der postulierten Gleichheit der Menschen sind immer wieder egalitäre Gesellschaftsformen versucht worden.

Nachdem aber der Verdacht entstand, dass zum mindesten

Institutionen ohne hierarchische Gliederung gar nicht verwaltbar sind, hat man Industrien, Behörden, Vereine in Ost und West, also in egalitären und kapitalistischen Gesellschaften, auf ihre Organisationsform hin untersucht. Ergebnis: Alle zeigen eine Hierarchie von Rängen in Informations-Transfer, Entscheidungsbefugnis und Bezügen.

Fast ist das trivial. Nicht trivial aber ist eine Entdeckung, die mit der Steilheit der Hierarchien zusammenhängt. Dabei korreliert der Steilheitsgrad keineswegs mit der Art des politischen Systems, vielmehr mit dem Alter der Institution. Die flachsten sind die jüngsten, die steilsten die ältesten. Rekruten beispielsweise, die alle paar Monate ausgetauscht werden, sind zu dreißig und mehr einem Korporal untergeordnet. Dagegen vermutet man, dass es in der uralten, britischen Admiralität schon mehr Admiräle als Schiffe gibt.

Unsere eigene Position zu diesem Phänomen ist, je nach Funktion einer Hierarchie, geteilt. An Schulen wünscht man sich möglichst wenige Schüler pro Lehrer. Für die Rangung von Universitäten in den USA ist das einer von drei vereinbarten Wert-Maßstäben. Umgekehrt wünscht man sich in Vereinen möglichst wenig an reglementierendem Überbau.

Nun ist die Frage nahe liegend, warum Ränge und Hierarchien offenbar unvermeidlich sind. Das erklären Psychologen: die Zahl der Personen, mit welchen wir intim verkehren, Biografien, Sorgen und Wünsche teilen, ist sehr beschränkt, im Mittel sieben. Für viel mehr reicht weder die Zeit noch die Bereitschaft, sich zu öffnen. Aus solchen Siebener-Gruppen setzen sich nun unsere Gesellschaften zusammen. Denn das gilt offenbar für die Arbeiter einer Partie, die Werkmeister einer Firma, die Hauptmänner einer Kaserne, die Sektionschefs eines Ministeriums ebenso wie für die Minister einer Regierung.

Freilich liegen die Dinge komplizierter, da wir verschiedenen Hierarchien angehören, und in diesen oft höchst unterschiedliche Ränge einnehmen: in Familie, Beruf, Verein und am Stammtisch. Es mag sogar Kompensationen geben: Der Pantoffelheld in der Familie macht sich in seiner Firma zum großen »Zampano«, und umgekehrt.

Sie liegen aber auch einfacher. Unsere Ausstattung als Kreatur ist an der Kleingruppe entwickelt und an sie adaptiert worden. Das wird uns noch beschäftigen. Denn fast alle Malaisen und Probleme, die unsere Sozietäten produzieren, hängen, wie wir sehen werden, mit dem Phänomen der anonymen Massengesellschaft zusammen, auf die unsere psychische Ausstattung nicht vorbereitet ist.

### Sind Institutionen das große Übel?

Unsere Kulturgeschichte lässt das Größenwachstum unserer Gesellschaften leicht erkennen. Von den spätsteinzeitlichen Wallburgen über die ersten Stadtstaaten zu den Reichen wächst der Umfang der Gemeinschaften, und mit ihnen die Arbeitsteilung. Aus einzelnen Sehern werden Priesterkasten, aus Raufbolden Heere, aus Schmieden Industrien und aus Erntehütern Verwaltungsbehörden.

Offenbar ist in Massengesellschaften das Werden von Institutionen unvermeidbar. Genauer: Diese Gesellschaften haben es nicht besser geschafft. Auf die Versäumnisse will ich später eingehen; fragen wir uns zunächst, was die Folgen der Institutionen sind.

Institutionen verbessern das Management, aber sie entwickeln auch Eigenleben und Eigengesetzlichkeit. Über die Interessen der Individuen, die sie zusammensetzen oder für die sie wirken sollten, hinaus beginnen Regulative zum Zweck der Selbsterhaltung zu dominieren. Das kann so weit gehen, dass die ursprünglichen Zwecke sogar in ihr Gegenteil verkehrt werden.

Bekannt ist, dass Heere, die ein Land verteidigen sollten, das Land selbst unterwerfen, dass Industrien, die sich mit der Wohlfahrt eines Landes entwickeln, ab einer gewissen Größe die Wohlfahrt des Staates erpressen können, und der allgemeinen Wohlfahrt gewidmete Männerbünde dienen oft nur mehr der Wohlfahrt ihrer Mitglieder.

Das klassische Beispiel in der Literatur ist die »Geschichte vom Großinquisitor« in *Dostojevskijs* »Die Brüder Karamasow«. Inmitten brennender Scheiterhaufen der Inquisition erscheint eine Gestalt, vom Volk als Jesus erkannt und gedrängt, Kranke durch Handauflegen zu heilen. Schergen werfen den Unruhestifter ins Gefängnis. Als der Großinquisitor begreift, wen er einkerkern ließ, geht er zu Jesus und macht ihm bittere Vorwürfe: hierher zum Handauflegen wiederzukehren, wo er doch wohl gesehen haben muss, welches scheußliche Amt er seiner Kirche überlassen hat.

Wir sagten schon: Ohne Institutionen schafft es die Massenzivilisation nicht. Sie ist selbst Institution ihrer Institutionen geworden. Beide bedürfen darum wachsamer Betrachtung.

## Wenn es das Gute gäbe, worin wäre es zu finden?

Wie berechtigt die kritische Betrachtung unserer Institutionen sein mag, manche tun seit langem Gutes. Man denke an unsere Bildungsstätten: Schulen, Bibliotheken, Museen. Freilich kann alles pervertiert werden. Man kann Künste verbieten, Bücher verbrennen, Schulung indoktrinieren. Und dennoch vermuten wir auf diesem Sektor etwas grundsätzlich Gutes.

Philosophen des Altertums haben angenommen, dass der Welt das Ewige, Wahre, Schöne und Gute vorgegeben sein müsse, denn wie sonst könnte man die Abweichungen davon erkennen. Manches davon hat sich in Heilslehren erhalten. Aber so weit sich die Geschichte dieser Welt rekonstruieren ließ, findet sich kein Hinweis auf solch eine ideale Vorgabe. In der Kondensation galaktischer Nebel zu den ersten Strukturen im Kosmos ist »das Gute« schwerlich zu finden.

Man hat den Eindruck, dass der Begriff erst mit dem Lebendigen seinen Sinn bekommt; und auch da in Richtung auf höhere Lebewesen und natürlich auf uns selber. Mit dem Unwohlsein einer Pflanze oder eines Regenwurms leiden wir weniger mit, als mit dem Jammer eines verletzten Hundes oder Affen. Das Gute bezeichnet dann, was Leben, Gesundheit und Freude sichert, beim Menschen noch Humanität, Bildung und Glück dazu.

Damit kann eine der Gretchenfragen auf den Punkt gebracht werden: ob, wenn es in unserer Gesellschaft das Gute gibt, es mehr im Menschen oder in seinen Institutionen zu erwarten wäre.

Ich halte dafür, dass die Mutterliebe eine Eigenschaft ist, an die wir in dieser Frage den Anker setzen können. Denn sie ist zutiefst verankert. Dabei will ich hier gar nicht von jenen Fällen ausgehen, wo sich im mittleren Tierreich Mütter als Fraß für ihre Jungen anbieten. Aber dass Affenmütter die Mumien ihrer totgebissenen Kinder wochenlang, wie in Lebendhaltung, mit sich tragen, greift schon eher ans Gemüt.

Mutterliebe ist zudem unentbehrlich, human und opfervoll, und wird nur von seelenkranken Müttern pervertiert. Kann man dann erwarten, dass sich das Gute von da aus, über Familie und Sippe in die Gesellschaft fortsetzt? Oder bedarf es vielmehr der Institutionen Sozialisierung, Schule, Polizei und Justiz, um das Gute durchzusetzen?

Nun kann man argumentieren, dass Institutionen kaum mehr an Gutem enthalten können als von ihren Schöpfern erdacht, in ihren Repräsentanten erhalten und von ihnen gelebt wird. Sollte das so sein, dann enthielte der Mensch mehr Gutes als seine Institutionen. Dem gegenüber steht das Argument, dass unsere Rehabilitations-Zentren, Besserungsanstalten und Gefängnisse voll sind; deren Absichten also besser sein müssten als die Wege, die ihre Insassen beschritten. Dann wären Institutionen die besseren.

Nun ist hier nicht der Ort, den Leser in das Feld der Ethik und Moralphilosophie zu verschleppen; ob nun das Gute utilitaristisch, gut für jemanden, oder teleologisch, für ein Ziel (aber für welches?), zu bestimmen sei. Worauf es mir ankommt, ist anzuregen, hier kritisch mitzudenken.

### Woher stammt unsere Possessivität?

In solcher Lage kann man fragen, woher jene Störungen kommen, die, vom Typ der Mutterliebe, von »Liebe deinen Nächsten« ausgehend, Zank, Herabsetzung und Übertölpelung in unsere Gesellschaft bringen. Von der Anlage zur Aggressivität war schon die Rede. Aber auch Aggression braucht Auslöser.

Eine Eigenschaft, die uns Menschen nochmals wie ein Schicksal appliziert zu sein scheint, ist die Possessivität: der Wunsch nach Besitz.

Man wird sich erinnern, dass wir dem Gegenstand schon begegneten: Als von Evolution die Rede war, ihren Errungenschaften und deren Ambivalenzen, war *Bertalanffys* Einsichten noch hinzuzufügen, dass mit dem Besitz nun auch die Sorge in die Welt kommen musste. Gehen wir nun von dieser Sorge aus.

Sorge ist für jede Kreatur, die von verlässlichen Vorräten, Heimen und schließlich auch Einrichtungen abhängt, gegeben, und durch das Hellwerden des Bewusstseins wird sie auch wach. Sorge ist, nimmt man die stochastischen Störungen wahr, die Leben fortgesetzt bedrohen, auch höchst berechtigt.

Wann eine Ernte vernichtet, ein Bein gebrochen, ein Kind schwer erkrankt, die Hütte abgebrannt, man selbst unter die Räder gekommen sein wird, ist nicht vorherzusehen. Also empfiehlt sich die Anlage von Reserven: an Nahrungsmitteln, an Gütern, an Besitz überhaupt, später in unserer Geschichte an Geld, Kapital und Versicherungen; in unserer Gesellschaft sogar mit dem Paradoxon der »Lebensversicherung«, die das Leben des Versicherten freilich nicht versichern kann, bestenfalls die Lebensumstände der Hinterbliebenen verbessern.

## Was ist das Maß der Bedürfnisse?

In welchem Maße wären aber Güter und Besitz anzulegen? Nachdem die Störungen des Lebens von unvorhersehbarer Art sind, ist auch der Umfang von Katastrophen nicht abzusehen. Man sagt sich wohl: Man sichere sich, so weit das vernünftig scheint, wobei sich eine solche »Vernunft« aus Risikoabschätzung und Persönlichkeitsstruktur zusammensetzen wird.

Und es ist rührend, zu sehen, dass uns Menschen aus der Mitte solcher Unbestimmtheiten seit langem ein neues und höchst konkretes Gewächs in unser Schicksal gesprossen ist: Prestige.

Es mag sein, dass die höhere Lebenschance und Lebensqualität, wie dies der Besitz suggeriert, noch Wurzeln in ererbten Anlagen hat. Sicher ist, dass die Sozietäten daraus neue Werte stilisierten – vielfach völlig künstliche Werte, die aber, wenn auch nur vom Wunsch nach Bedeutsamkeit angetrieben, dennoch auch die Reproduktions-Chancen des Individuums, wenn auch nur die erdachten oder erwünschten, erhöhen können.

Die Werte solchen Besitzes ergeben sich aus dem Besitz der Nachbarn. Mein Weltbild hat sich sehr gerundet, als ich erfuhr, dass es zu den lebhaften Wünschen eines Papua zählt, eine meterlange Penishülle zu tragen, obwohl sie mit Schnüren aufgehängt und bei der Jagd im Dickicht nur hinderlich sein muss. So wird verständlich, warum es zu den lebhaften Wünschen eines Farbigen in der Bronx zählt, einen, wenn auch längst klapprigen, Cadillac zu fahren, obwohl der ungeheuer

Benzin frisst und mit ihm im New Yorker Verkehr noch schlechter weiterzukommen und zu parken ist.

Die Fülle von Unsinn, die wir uns, nicht nur aus Gründen der Bequemlichkeit, sondern des Prestiges, zulegen, wird der Leser leicht komplettieren können. Man wird zugeben, dass diesem Unsinn nicht leicht zu entkommen ist.

### Fördert die Gesellschaft unsere Ansprüche?

An dieser Stelle sind wir aber auch an jenem Angelpunkt angelangt, an welchem sich die Lächerlichkeiten der selbst gemachten Prestige-Vorschriften in eine Gesetzmäßigkeit wandeln, welche der Entwicklung unserer Kulturen bedenkliche Folgen appliziert.

Man wird sich der Unvermeidlichkeit der Hierarchie der Ränge erinnern, welcher sich auch die Organisation von Massengesellschaften nicht entziehen kann. Bringt man diese Erfahrung in Verbindung mit dem Zusammenhang von Possessivität und Prestige, dann folgt daraus ein Mechanismus, der ebenso schicksalhaft an unseren Gesellschaften hängt wie die Komponenten, die ihn zusammensetzen.

Höhere Ränge weisen sich durch Vorrechte aus: bei unseren Verwandten, den Affen, durch die Beanspruchung eines Harems und das Recht, über Futter und Maßregeln zu herrschen, sowie durch das Recht, das alles auch fortgesetzt zu demonstrieren. Davon hat sich in den hohen Rängen unserer Gesellschaft, wie man weiß, Einiges gehalten; wenn auch in etwas differenzierterer Weise. Hinzugekommen ist aber die Ansicht, durch seinen höheren Rang auch höhere Ansprüche zivilisatorischer Lebensqualität zu besitzen, und auch, diese zu demonstrieren.

Vieles an solchen Ansprüchen hat mit Bequemlichkeit zu tun: über mehr Mittel, also Raum, Ausstattung, Sicherheit und Domestiken zu verfügen. Vieles ist aber als reine Demonstration, als Luxurierung, zu verstehen.

### Wohin führen hierarchisierte Ansprüche?

Im positiven Sinne ist daraus Kultur entstanden, die bekanntlich dort beginnt, wo das rein Lebensnotwendige endet: also wo Schmuck, Zierrat und, in der Folge, fast alle Künste entstehen konnten.

In negativer Hinsicht aber folgt ein Mechanismus, der unsere »Erfolgsgesellschaften« fortgesetzt zu höheren Ansprüchen treibt.

Soweit wir diesen Mechanismus bis dato verstehen, besteht er aus einem sich wiederholenden Stufenprozess. In einer Zivilisation bildet sich eine Gruppe Privilegierter. Sind die Privilegien erreicht, trachtet der Rest der Gemeinschaft, diese nachzuholen. Das führt über die Paradoxie der »Massen-Privilegien« dazu, dass die Privilegierten keine Privilegien mehr haben und sich bemühen, mit noch höheren Ansprüchen neue Privilegien zu demonstrieren und so fort.

Die Geschichte unserer Zivilisation ist voll solcher Stufen. Zunächst war schon der Besitz eines Pferdes ein Privileg. Daher kommen die Begriffe »Ritter«, »Kavalier«, »Cavalliere« und »ritterlich«. Sitzen schließlich alle auf Pferden oder in Pferdekutschen, ist es mit dem Privileg vorbei. Alle sind dann bald allen auf dem Marktplatz im Wege. So bietet sich als nächstes Privileg das Automobil. Nicht weil es schneller oder verlässlicher gewesen wäre, sondern, weil sich mit seinem Geknatter Hühner und Bauern noch viel besser scheuchen lassen. Und wer wollte Herrn *Daimler*, den wir schon einmal beschworen haben, vorwerfen, dass nun, in den Autobahnstaus, wieder alle allen im Wege sind. So wurde die Flugreise zum Privileg, bis auch dort wieder alle allen im Wege sein werden oder es bereits sind.

Was da einer gewissen Komik noch nicht entbehrt, treibt diese Zivilisationen aber in die ökologische Katastrophe; zumal diese Eskalation ja nicht nur den Verkehr, sondern auch die wachsenden Ansprüche an Wohnraum, technisches Gerät und Industrie betrifft. Der Umsatz an Energie hat sich verhundertfacht, Böden, Wasser und Atmosphäre werden aus ihrer Ordnung gestoßen, und unsere Biosphäre schafft die Balance nicht mehr, wie das der Entropiesatz, den wir schon kennen, längst hätte erwarten lassen.

## Welche Regulations- oder Gesellschaftstheorien steuern dagegen?

In solcher Lage ist die Frage nahe liegend, ob sich die Evolution der Organismen nicht Regulative gegen Luxurierungen geschaffen hat. Und die Antwort darauf lautet: selbstverständlich. Was dort wirkt, das sind die systemerhaltenden, dämpfenden Regelkreise. Man spricht von »negativen« Regelkreisen, weil sie jeder Eskalierung entgegenwirken. Populations-Explosionen werden durch Limits ihrer Ressourcen eingebremst, Überfressen durch Übelkeit, und selbst die Bäume wachsen nicht in den Himmel.

Prinzipien der Systemerhaltung gelten so allgemein, dass man sie auch in unserer Zivilisation erwarten kann. Das Problem ist aber: Die Rückmeldung erfolgt zu langsam. Eine Zivilisation kann sich, wie wir fürchten, ein bis zwei Jahrhunderte lang überfressen, also ihre Ansprüche überhöhen, bis ihr auch physisch wirklich übel wird.

Dazu kommt, dass es sich um »intraspezifische« Selektionsprozesse handelt, die, wie aus dem Kapitel »Evolution« erinnerlich ist, zu Luxurierungen – wie beim Argusfasan und den Paradiesvögeln – führen, und noch dazu sehr schnell verlaufen.

Zudem hat unsere Zivilisation versucht, ein Grundgesetz der Biosphäre zu umgehen. Man erinnert sich, dass der Kreislauf in dieser Natur aus Produzenten, Konsumenten und Reduzenten besteht, wobei Letztere die Funktion haben, allen Abfall und alle Leichen durch Zerlegung nicht nur unschädlich zu machen, sondern auch noch die nützlichen Stoffe in den Kreislauf zurückzuführen. Unsere Zivilisation hat versucht, das Entstehen der freilich kostspieligen Reduzenten zu vermeiden. Also weiten sich nicht nur die Deponien durch wachsende Massen an Abfällen. Auch für die Rückführung der Industrieleichen in den Kreislauf ist nicht gesorgt; Arbeitslose, verwüstete Landschaft, Schutt, rostendes Gerümpel und vergiftete Böden sind die Folge.

Fragt man aus solcher Perspektive nach Sozial- und Gesellschafts-Theorien, die dem gegensteuerten, so finden wir keine, im Wesentlichen deshalb, weil die beiden Theorien, die diese Zivilisation gemacht haben, Kapitalismus und Marxismus, zu Zeiten entstanden sind, wo das Problem noch kaum sichtbar und die biologischen Einsichten noch nicht zureichend verbreitet waren: beide vor über hundert Jahren.

Das kann aber an dieser Stelle nicht mehr unser Thema sein. Wir müssen zunächst noch den Problemen nachgehen, welche die Produkte unserer Sozietät nach sich ziehen, um dann im Rahmen des Kapitels »Gesellschaft« auf die Theorien zurückzukommen.

## Die Probleme

### Was folgt aus der Massengesellschaft?

Das Grundproblem unserer Gesellschaft ist das Überwiegen anonymer Menschen. Wir fanden, dass unsere soziale Ausstattung an der Kleingruppe adaptiert worden ist, wo persönliches Kennen und Bekanntsein die Regulative liefert. Unter den tausenden Menschen, denen wir begegnen, unter den Millionen, die eine politische Entscheidung treffen, kennen wir vielleicht hundert beim Namen, und öffnen uns wohl nur zehn von ihnen ganz. Allen anderen messen wir Eigenschaften und Interessen zu, ohne sie zu kennen. Das gilt auch umgekehrt. Wir wurden von tausenden gesehen und vergessen, sind ein Name unter hunderten und eine Nummer unter Millionen.

Wo wir im Grunde darauf angewiesen sind, die Handlungen anderer mitzuverfolgen, um verlässlich urteilen zu können, fällt diese Möglichkeit fast immer weg. Wo unser Instinkt erwartet, dass unsere eigenen Handlungen fortgesetzt gesehen werden, sind wir nun dieser Beobachtung weitgehend entbunden, ohne Aufsicht.

Nun stehen schwache Appelle an Stelle exekutierender Aufsicht: Waschanlagen und Straßen sauber zu halten und an abgelegenen Plätzen keinen Müll zu deponieren – Handlungen, die unter Beobachtung gar nicht zu erwarten wären.

Von solchen noch harmlosen Übertretungen führt die Anonymität über die allermeisten Verbrechen weiter in die Ebenen einer Pervertierung des alten Zusammenhangs von Rang und Risiko, indem die hoch Gerangten auf den nahe liegenden Gedanken kamen, ihren hohen Rang zur Reduktion ihres Risikos zu verwenden. So verschwinden Topmanager und Spitzenpolitiker mit beträchtlichen Sündenregistern in die Verschwiegenheit hoher Abfindungen und Pensionen.

Und als Regulativ kennt man nur die Terrorszene, der man ja wohl auch das Wort nicht reden möchte.

## Wo finden sich die alten Regulative?

Im Zusammenhang mit den Regulativen gegen Gewalt und Beschädigungskämpfe wird man sich der Tötungshemmung und der Ritualisierung erinnern.

Wettspiele und Wettkämpfe sind wahrscheinlich Ritualisierungen ansonsten möglicher Beschädigungskämpfe. Die Aggressivität ist ihnen, wie beim American Football, leicht zu entnehmen, oder sie wird, wie im europäischen Fußball, wo die Regeln mit gelben und roten Karten die Raufereien auf dem Spielfeld dämpfen, ins Publikum verlagert.

Mit der angeborenen Tötungshemmung ist das anders. Von ihr sind nur mehr Reste erhalten. Es entspricht zwar unserer Haltung, dass ein gesunder, nicht indoktrinierter Mann ein weinendes Mädchen nicht schlagen kann, vorausgesetzt, er hat das verzweifelte, tränenüberströmte Gesichtchen des Kindes direkt vor Augen. Aber die anonyme Gesellschaft hat probate Wege, auch diese Hemmung zu umgehen.

Einmal ist es die Unterdrückung. Um andere Menschen überhaupt Aug' in Aug' angreifen zu können, müssen sie zunächst zu Untermenschen gemacht werden, was ja schon als gruppeneinendes Mittel geübt wird. Dann können auch Frauen und Kinder massakriert werden. Ein andermal sind es Zivilisationsfolgen, zerrüttete Lebensumstände, die, in einer auch dem Mörder nicht erklärbaren Weise, töten lassen.

Die effektivste Form ist aber die Fernwaffe, besonders, wo sie über Befehle eingesetzt wird. Sie schaltet die Tötungshemmung völlig aus. Sie macht die bremsende Ansicht verzweifelter Gesichter verschwinden. Und der bravste Mann kann, vom Bombenflugzeug aus, hunderte verzweifelter Kinder zu Tode kommen lassen.

Und niemand ist bisher auf die Idee gekommen, auf Granaten, Bomben und Tretminen weinende Kindergesichter zu malen; und noch immer wird mit Tretminen Geld gemacht.

## Was regelt unser Verantwortungsgefühl?

Das führt weiter zur Frage, was denn unser Gefühl für Verantwortung regelt. Und nochmals finden wir uns darin in der Kleingruppe reguliert und in der Massengesellschaft orientierungslos.

Der kleine Kaufmann auf dem Land beispielsweise kann weder die Verkäuferin noch den Auslieferer entlassen, nicht, weil es dem Geschäft wirtschaftlich so gut ginge, sondern weil sie ihre Schicksale wechselweise kennen und achten. Die Eine mag gerade ihren Mann verlieren, der Andere unverdient in Schulden geraten sein. Die Stockholder in New York hingegen, die wahrnehmen, dass eine ihrer Firmen in London rote Zahlen schreibt, können ohne große Skrupel tausend Mitarbeiter entlassen. Sie werden durch kein einziges der Schicksale gebremst.

Zwischen Verantwortungsgefühl und Verantwortungsumfang gibt es sogar eine negative Korrelation. Das ist das Gefährlichste. Nehmen wir den Fall einer absichtsvollen Schädigung des Nachbarn. Im Familienkreis, so wird man zugeben, gilt das als moralische Katastrophe. In einem mittleren Bereich, wo etwa ein großer Kaufmann hunderte schädigt, gilt das rechtlich oft nur mehr als Fahrlässigkeit. Bringt ein Bankenkollaps tausende um ihre Mittel, ist das gar nichts mehr; das Kapital wird aufgefüllt. Und wenn ein ganzer Staat einen ganzen Nachbarstaat absichtsvoll zu schädigen trachtet, gilt das schon als eine Form der Vernunft, es heißt nämlich Staatsraison.

Tatsächlich nimmt das Verantwortungsgefühl mit dem Umfang an Verantwortung ab; jedenfalls dort, wo Anonymität zunimmt. Ich nehme das für einen der gefährlichsten Strukturfehler unserer Gesellschaft. Denn ich kenne kein Fach, welches das unterrichtet.

## Ist unsere Sozietät tatsächlich geteilt?

Zu den Malaisen in der Entwicklung unserer Sozietät führt auch die Neigung, uns, wie auch immer, gefügig zu machen. Wenn man wahrnimmt, wie früh schon Feuer verwendet, gebaut, gerodet, gepflanzt, Vieh gehalten und zum Ziehen und Tragen eingespannt wurde, dann wird man das der entstehenden Intelligenz, Betriebsamkeit und Organisation des Menschen zugute halten.

Wenn man aber bemerkt, wie früh, und mit welcher Selbstverständlichkeit, man sich auch Menschen gefügig machte, dann lohnt es, sich etwas umzusehen. Sobald eine gewisse Höhe der Kultur erreicht war, finden wir auch schon die Unterscheidung von Freien und Sklaven. Auch in den von uns so bewunderten Demokratien des antiken Griechenland war sie schon selbstverständlich. Zwar haben Sophisten, wie *Antiphon*, auf die Gleichheit der Menschen gepocht. Aber scheinbar haben selbst Geistesheroen wie *Platon* und *Aristoteles* nicht gewagt, gegen die Sklaverei aufzutreten. Und die Negersklaverei hielt sich in den USA bis zum Bürgerkrieg von 1865.

Ähnlich verhält es sich mit der Leibeigenschaft. Auch sie ist Naturvölkern unbekannt, aber mit den herrschaftlichen Kulturen entstanden. So haben auch Europäer die Teilung der Menschheit in Lehensherren und Leibeigene bis zu den Bauernkriegen für eine Notwendigkeit gehalten; bis ins hohe Mittelalter noch mit Resten der Rang/Risiko-Korrelation: Herren als Beschützer der Bauern, und zwar dergestalt, dass das Lebensrisiko des Ritters in der Feldschlacht immer noch größer war, als das der nachfolgenden Knechte. Auch das hat sich entkoppelt. Und erst 1861 wurden, zuletzt in Russland, dreiundzwanzig Millionen Leibeigene frei.

Das ist wiederum die Zeit des großen Aufschwungs der Industrialisierung, in der nun die Teilung in Arbeitgeber und Arbeitnehmer entstand, die heute nunmehr uns selbst wie eine Selbstverständlichkeit erscheint. Freilich haben in der Zwischenzeit Gewerkschaften den Arbeitnehmern weitere Rechte gesichert. Dennoch ist eine Situation der Abhängigkeit geblieben, da sich nun ein noch viel größerer Teil der Menschheit bemühen muss, an der Schaffung von Werten einer Sozietät teilnehmen zu dürfen.

Offenbar ist die Menschheit mit der Institution der Staaten geteilt worden und ist es, in welcher Form immer, auch geblieben. Denn keiner dieser Staaten hat ein Wirtschafts- und Ausbildungs-System geschaffen, das allen doch so frei geborenen Menschen freien Zugang zur Wertschöpfung sichert.

### Wer ist legitimiert, Recht zu sprechen?

Ein weiteres Problem ist schließlich mit der Frage verbunden, wer Recht zu setzen, zu erlassen und Recht zu sprechen hat. Die Griechen waren in der Lösung pragmatisch: der Herrscher.

Konnte es aber nicht eine Instanz geben, die dazu ermächtigt, und welche konnte das sein? Die probateste Lösung bestand in der Annahme einer überirdischen Instanz: der Göttlichkeit. Von den Pharaonen bis zu den Inkas waren die Herrscher selbst Götter, oder doch gottähnliche Wesen. In der christlichen Welt Europas waren es dann eben die Herrscher »von Gottes Gnaden«. Auch das wurde, und wird vielleicht zum Teil heute noch, so gedacht beziehungsweise hingenommen – entsprechend einem hierarchischen Weltbild.

Nachdem aber vielfach das Volk zum Souverän wurde, kann man ja fragen, welche Instanz nun dieses legitimiert, Recht zu sprechen. Soll man annehmen, dass es weiterhin von Gott gegeben ist, also etwa von seinen Geboten abzuleiten sei? Oder wäre, in einer diametralen Position, zu erwarten, dass es sich schon den Gesetzen des Lebendigen entnehmen ließe? Müssten wir dann wissen, ob unsere Welt die beste aller denkbaren Welten ist, oder finden wir uns auch an diesem Ende nicht schon wieder bei den Fragen der Metaphysik?

Wir müssen tiefer in die Vorstellungen von Vernunft und Gesellschaft dringen, um dem Thema näher zu kommen.

Aber man wird sich erinnern, dass das metaphysische Problem mit dem Bewusstwerden entstanden ist, und dass wir ihm auch im Rahmen der Sprache bei dem Versuch begegnet sind, die Logik zu begründen. Und es soll uns nicht wundern, dass es uns wieder begegnet und uns weiterhin begleiten wird.

*Man mag die Grundstruktur menschlicher Sozietäten, die auf Rängen beruht, auf der »Hackordnung«, Zank und Drängelei, bedauern. Zu entkommen ist ihr, auch in den »egalitären Gesellschaften«, offenbar nicht. Zu sehr hat sich unsere Ausstattung bereits angepasst; deren Nachteile seien aber nicht übersehen.*
*Tiefer noch trifft uns der Umstand, dass unsere Psyche in Kleingruppen herangebildet wurde, und wegen der Größe der wieder anonym gewordenen Massengesellschaft, ihren Verbänden und Institutionen, echte Mängel sozialer Adaptierung aufweist. Auch das wird sich nicht mehr ändern lassen; aber es wird sehr darauf ankommen, dies stets vor Augen zu haben.*

# Teil 8 Vernunft und Verstand

*Homo sapiens liest sich als »weiser, mit Vernunft und Verstand begabter Mensch«. Und es zählt zu den Lieblingsstreitfragen der Philosophiegeschichte, woher diese Gaben wohl kommen. Hat sie der Schöpfer vorgesehen? Haben sie die tausend Generationen werdender Menschen allmählich erworben? Aber auf nichts ist nichts aufzubauen. Wie tief liegen dann die Wurzeln; gelangen wir in die Unauflösbarkeit eines unendlichen Regresses?*
*Natürlich liegen die Wurzeln tief. Sie reichen über die »Weltbild-Apparate« der Säuger, der Vielzeller, über die Reizbarkeit des Photoplasmas bis in die Gesetze der Biochemie. Der Regress ist fast unendlich, und er ist auflösbar.*

## Kann Vernunft ganz unvernünftig sein?

Wenn man fragt, wie es zu verstehen wäre, dass es mit unserer Vernunft so unvernünftig zugeht, sind wir schon mitten im Thema. Und man bemerkt, dass schon in diesem Satz von zweierlei Vernunft die Rede sein muss.

In der ersten Verwendung des Begriffes muss unser klares, wohlorganisiertes Denken gemeint sein. In der zweiten Verwendung hingegen denkt man an etwas, das mit Lebenserfolg zu tun hat, mit Besonnenheit, Umsicht und Verständigkeit, mit akzeptierter Verantwortlichkeit und dem Ziel gesicherter Lebensqualität. So ist es gleichermaßen unvernünftig, nur zu lesen oder nur Sport zu treiben, nur zu sparen oder auf Reserven ganz zu verzichten. Auch das Englische und Französische kennt einen ähnlichen Unterschied zwischen »reason« und »reasonable«, zwischen »raison« und »raisonnable« …

Im Ganzen sind solcherart Fragen erst mit der Umweltbewegung allgemeiner gestellt worden, da eine, wie man hoffen wollte, vernunftbegabte Gesellschaft mit ihrer Welt fahrlässig, selbst verantwortungslos verfährt. Mag nun die Unvernunft des Einzelnen noch seine persönliche Sache sein, kollektive Unvernunft dagegen betrifft nun alle und weckt zu Recht unsere Aufmerksamkeit, besonders wenn man wünscht, durch die Klippen von Verwirrung, Unsinn und Betrug möglichst unbeschadet hindurchzusegeln.

Das ist, zugegeben, eine pragmatische Betrachtung der Vernunft. Aus evolutionärer Sicht lag die Frage nahe.

## Was unterscheidet Vernunft und Verstand?

Allgemein wird diese Unterscheidung zu jenen großen Fragen gezählt, welche die gesamte abendländische Philosophie durchziehen.

Ich glaube, dass das Deutsche dazu eine besondere Anlage besitzt. Das Englische unterscheidet zwischen Vernunft und Verstand nur schwach. »Rational« und »rationality« inkliniert zwar zu Vernunft, »intellect« und »intelligence« zu Verstand, beides aber nur in etwa. »Reason« und »Commonsense« stehen sogar für beide. Daher hat dort unser Thema kaum Boden gefunden.

Weil sich aber in der Unterscheidung doch etwas Wesentliches verbirgt, ist der Sache nachzugehen; zumal die Philosophen die beiden Begriffe als Formen nehmen, wir Biologen dagegen als Inhalte.

Typischerweise bedachte man den Unterschied schon in der Philosophie des Altertums und unterschied zwischen »nus« und »ratio«, lateinisch »intellectus« und »ratio«, ganz ähnlich unseren Begriffen Vernunft und Verstand; »reason« und »understanding« kommt der Sache nahe, ebenso »raison« und »entendement«.

»Nus«, die Vernunft, dachte man sich als etwas, das über allem ordnend waltet, als eine Art Weltvernunft, an der auch die Seele des Menschen teilhaben könne. Die Kirchenväter sahen in der Vernunft ebenfalls die höhere Form. Letztlich erwartet man von der Vernunft die Wahrnehmung dreier transzendenter Ideen: Gott, Welt und Seele, oder Gott, Freiheit und Unsterblichkeit. Vernunft setzte den Verstand zwar voraus, sei ihm aber vorausliegend und würde, unabhängig von der Erfahrung, aus unmittelbarer Einsicht Rechenschaft geben über Zwecke und Werte des Handelns und des Weltgeschehens. Das ist Metaphysik.

*Ratio,* den Verstand, dachte man sich dagegen als das, was der Vernunft, aus der sinnlichen Wahrnehmung, das Material liefert; erkannte aber bald, dass auch er vor der Erfahrung liegen muss, weil er die Voraussetzung ist, Erfahrungen zu machen, was auch die Logik nicht bieten kann. So, wie beispielsweise kein Experiment denkbar ist, das die Existenz von Raum oder Zeit beweisen oder widerlegen könnte. *Kant* hat dann, wie man weiß, jenes große System entwickelt, das diese Leistung als »synthetische Urteile *a priori*« ausweist; immer noch, wie er sich ausdrückt, nicht empirisch, sondern »transzendental« begründet. Die empirische Begründung ist heute zur Hand. Wir kommen daher auf beide Begriffe zurück.

## Über die Entstehung

### Was lenkte den Menschen vor seiner Vernunft?

Fragt man nun, was den Menschen wohl geleitet hat, bevor er seine Vernunft entdeckte, dann müssen wir schrittweise genauer werden.

Die Grundlagen des Menschen, existieren und überleben zu können, sind für unser Thema nur mehr Wiederholung. Die Chance, aus einer befruchteten Eizelle zum Menschen zu werden, mit allen Anlagen passender Physiologie, Motorik, Sinnesapparaten, zerebraler Verrechnung, Instinkten, Gedächtnis und gewissem Lernvermögen, teilt er mit seinen nichtmenschlichen Verwandten.

Diese Verrechnungsweise von Sinnesdaten, die Zeit als eindimensional, den Raum dreidimensional zu deuten, Wahrscheinlichkeit, Vergleichbarkeit, Ursachen und Zwecke zu erahnen, ist uns vorgegeben. Wir sprechen, mit *Lorenz*, von einem »ratiomorphen Apparat«, der zwar mit Ratio nichts zu tun hat, uns aber dennoch in einer der Vernunft ähnlichen Weise lenkt. Im Zusammenhang mit *Kant* komme ich darauf nochmals zurück.

Was dazukommt, sind Sprache, Tradierung von Erfahrung, helleres Bewusstsein und Vorstellungsvermögen. Man wird sich an die Experimente mit Stock, Kiste und Banane erinnern, die uns den Beginn kombinatorischen Denkens vorführen. Dieses Operieren mit Gedächtnisinhalten im gedachten Raum muss beträchtlich zugenommen haben.

Nun erinnert man sich auch, dass richtige Prognostik Lebenserfolg bedeutet und insbesondere die Anwendung aller individuellen und kollektiven Erfahrung. Und welche Art von Prognostik kann nun ein hell gewordenes Vorstellungsvermögen gegenüber dem Unbegreiflichen entwickeln, gegenüber der Ursache der Ordnung, aber auch der Stürme, Felsstürze und Fluten, Krankheit und Tod?

Ist es nicht nahe liegend, irgendwelche Vorstellungen zu entwickeln, Voraussetzungen zu postulieren, die eine Chance bieten, auch die jenseitigen Mächte begreifen, ihre Absichten deuten, sie beschwichtigen, mit ihnen sogar verhandeln zu können? Das Weltbild produzierte mystisch totemistische Potenzen, gefolgt von einer Geister- und Götterwelt, Götter-Genealogien und Weltentstehungs-Mythen.

Man wird, aus einem naturwissenschaftlich-säkularen Weltbild, der Lenkung aus solcherart Weltdeutung keine Eigenschaften von Vernunft zuerkennen. Darin irrt man aber; denn es ist gerade jene aufkeimende Vernunft, die versucht, auch hier ganzheitstiftend zu wirken. Und man wird zugeben, dass in ihrem Umfeld, wie im antiken Griechenland, Bedeutendes an Epen und Dramen, Philosophie und bildender Kunst entstanden ist. Säkulare materialistische Vernunft ist also keine Voraussetzung fürs Überleben, noch nicht einmal für eine differenzierte Kultur.

## Was führt vom Mythos zu neuer Reflexion?

Was vom reinen Mythos im Altertum weiterführte, waren Erfahrung und Denken; das aber schon in zweierlei, einander fast ausschließenden Richtungen. Entweder man vertraute der kritischen Beobachtung oder aber dem reinen Denken. Es deutet sich an, was man später als Verstand und Vernunft unterscheiden wird. Und die Schulen des damaligen Groß-Griechenland lassen sich sogar geografisch unterscheiden. Die eine ist um die ionische Küste gruppiert, die andere um Sizilien.

Im Osten erwuchs Kritik an den Mythen selbst. *Anaxagoras* lehrte, dass die Sonne eine glühende Masse sein müsse, *Hekataios* sagt: »Ich schreibe, was meines Erachtens die Wahrheit ist«, denn die Überlieferungen der Griechen waren ihm zu zahlreich und zu lächerlich. Und in der sich anschließenden Schule der »ionischen Physiologen« dachte man über die Trennung von Land und Meer nach, über die Teilchen der Materie und an eine durchaus physische Art der Seele.

Es ist ein Weg, der den Sinnen und dem Verstand vertraut,

und der vorbereitet, was man später Empirismus und Materialismus nennen wird.

Anders die Welt des *Pythagoras* in Syrakus. Im Abschnitt »Metaphysik« wurde das schon erwähnt. Aus ihr wird die Schule der »italischen Mathematiker« hervorgehen. Es werden Übereinstimmungen zwischen den Gesetzen der Welt und der Wahrnehmung entdeckt.

Wir haben das Thema schon im Zusammenhang mit Sprache und Logik berührt und erinnern uns daran, dass der Wohlklang der Oktave, die Verdoppelung des Quadrats, wie die Beziehung von Dreiecks-Seiten und ihren Quadraten, eine Übereinstimmung von Welt und Seele erwarten ließen. War nicht ein Weltprinzip, eine Weltordnung anzunehmen, die hinter all den Dingen steht? Hat nicht *Parmenides*, ein Zeitgenosse, Recht, wenn er sagt: »Die meisten Sterblichen haben nichts in ihrem irrenden Verstand, was nicht durch ihre irrenden Sinne hineingekommen ist.«

Das ist nun der Weg, der der Vernunft vertraut. Er setzt sich, wie erwähnt, in die Ideen-Lehre *Platons* fort, und führt in jene Achse menschlichen Denkens, die wir später Rationalismus und Idealismus nennen werden.

### Hat die Vernunft eine Entstehungsgeschichte?

Natürlich muss selbst die Vernunft, wie alles Gewordene in dieser Welt, Geschichte haben. Und das Studium derselben füllt einen nicht unbeträchtlichen Teil der Philosophiegeschichte, und zwar als eine Geistesgeschichte der, namentlich, metaphysischen Ideen unserer abendländischen Kultur. Die Vorstellung von einer göttlichen Vernunft, wie sie das Christentum vertritt, lässt sich, über die von einer Weltseele, auf jene von einem obersten, ordnenden Prinzip zurückführen.

Doch wie könnten Materialien zur Herleitung der Vorstellung von Gott, Welt und Seele, oder Gott, Freiheit und Unsterblichkeit gefunden werden? So gefragt, wird man zunächst an die Mythen von der Weltentstehung denken, an die Genealogie der Urpotenzen, Weltenschöpfer und Götter. Und das zu Recht, weil sich in diesen vieles an menschlicher Sorge spiegelt, die auf eine verstehbare, gerechte und geordnete Welt hoffen lassen musste – weil unser Sinnesapparat nur in einer geordneten Welt Orientierung zulässt.

Wir sind dieser Geschichte schon begegnet. Selbst die Vorstellungen von Gott, Freiheit und Unsterblichkeit mögen dort ihre Wurzeln haben. Aber auch das sind noch metaphysische Ideen.

In dem aber, was man vom Wirken der Vernunft erwartet, steckt doch noch ein materialer Kern: nämlich die Erwartung einer unmittelbaren Einsicht in die Zwecke und Werte des Handelns und des Weltgeschehens sowie die Auflage, sich, in einer Ganzheit stiftenden Weise, darüber Rechenschaft zu geben. Ich fand zu diesem Thema noch keine Studie, kann mich aber nicht enthalten, eine Skizze dazu anzudeuten.

Hat die Auflage, ganzheitlich seine Zwecke zu erfassen und die der Anderen, nicht selbst wieder einen lebens-, sogar arterhaltenden Zweck? Die Frühphase der Meisterung solcher Aufgaben ist im Gruppenverhalten der Menschenaffen offenbar schon als Programm angelegt. Sie würden, ohne richtiges Reagieren auf Gesamtzwecke, auch gar nicht überleben. Wäre es dann nicht wert, zu untersuchen, wie der Mensch solche Vorgaben entdeckte, und, mit dem Hellwerden des Bewusstseins, vor allem des Selbstbewusstseins, zu verstehen trachtete?

Freilich kann und will die Biologie nicht das Entstehen einer Gottesidee erklären. Aber wo immer es sich anbietet, einen weiteren Zusammenhang in dieser Welt zu verstehen, ist der Versuch zu wagen.

## Woher kommt der Verstand?

Zur Herkunft des Verstandes liegen schon sehr greifbare Einsichten vor. Im Wesentlichen geht es um eine natürliche Erklärung dessen, was *Kant* in der »transzendentalen Ästhetik« (unsere Voraussicht auf Raum und Zeit) und in den »*Apriori*« (die uns vorausgegebene Erwartung von Quantität, Qualität, Ursachen und Zwecken) darstellt.

Hier haben Biologen die Lösung gefunden: In Andeutungen bei *Haeckel*, dann ausgeführt von und nach *Lorenz*, zeigt sich, dass es sich um Lern- und Adaptierungs-Produkte aus unserer Stammesgeschichte handeln muss. Unsere angeborenen Anschauungsformen oder Voraus-Hypothesen über die Grundstrukturen dieser Welt werden aus demselben Grund in die Welt passen, aus welchem die Flosse des Fisches ins Wasser passt, noch bevor er aus dem Ei geschlüpft ist.

Diese Einsicht *Lorenz'* führte zu einer »Evolutionären Erkenntnislehre«, die sich den bisherigen Erkenntnistheorien gegenüberstellt. Das ist im Wesentlichen die Lehre *Platons* mit der Annahme, dass Welt und Seele gemeinsam an einer Ordnung teilhaben, die der Welt vorgegeben ist; und jene *Kants*, in der die Vorbedingungen, um Erfahrungen zu machen, erkannt, aber als empirisch nicht begründbar dargestellt werden. Man spricht von einer transzendenten und einer transzendentalen Theorie, weil die eine ins Unerforschliche greift, die andere es voraussetzt. Eine der Erforschung zugängliche Theorie kann sie nun ablösen.

### Wie hängen Vernunft und Verstand zusammen?

Erkenntnistheorien sollen unsere Fähigkeit, Erkenntnis zu gewinnen, begründen, und, wenn sie das können, auch kritisch prüfen. Transzendenten wie transzendentalen Theorien sind da Grenzen gesetzt. Die naturalisierte Theorie kann nun auch prüfen, gewinnt damit tiefere Einsichten in die Ausstattung des Menschen, sowie Fragen und Einsichten, die den bisherigen Theorien entgingen.

So setzt das Machen jedweder Erfahrung den Besitz von Vorerfahrung voraus, und da es mit der Vorerfahrung ebenso sein muss, ergibt sich eine nicht endende Kette: ein unendlicher Regress.

Vernunft setzt Verstand voraus. Darin ist sich *Hegel* sogar mit *Kant* einig: »Vernunft ohne Verstand ist nichts, Verstand ohne Vernunft aber immerhin etwas.« Und wenn Vernunft, wie oft behauptet, dem Verstand »vorausliegend« sei, so wohl nur im Sinne seiner ganzheits- und abschluss-stiftenden Funktion. Der Verstand wiederum setzt Sinne voraus, Sinne setzen die Reizbarkeit des Nervensystems, und dieses Zellen und Leben voraus. Und Leben selbst setzt, wie wir schon fanden, die Entstehung komplexer Moleküle voraus, also chemische Evolution, und diese die kosmische. Wir sind also nicht verlegen, den Weg eines so gut wie unendlichen Regresses nachzuzeichnen.

Mussten also die Inhalte dessen, was wir nun, reflektierend, Verstand und Vernunft nennen, entstehen?

Als Grundprinzip nehmen wir Leben als kenntnisgewinnenden Prozess; in dem manche Arten herausgefordert werden, höhere Organisationsformen zu erreichen, die innere Abstimmung zu verbessern, und die ihnen wahrnehmbare Welt zu erweitern. Sobald die Evolution den Organismen gezielte Bewegung ermöglichte, waren Raum- und bald darauf Zeitprogramme von Nutzen. Mit der Entstehung des assoziativen – man kann auch sagen: individuellen – Lernens werden Programme für die Abschätzung von Wahrscheinlichkeit und Vergleichbarkeit erforderlich, und mit dem Entstehen komplexer Handlungen, beispielsweise der Verwendung einfachster Werkzeuge, müssen Erwartungen vorgesehen sein, die wir, in unserer Sprechweise, Ursachen und Zwecke nennen.

Was ist also nahe liegender, als zu erwarten, dass diese Vorgaben mit dem Entstehen des Bewusstseins entdeckt werden, und zwar als eine Handhabe dafür, sich die Phänomene der wahrnehmbaren und relevanten Welt, mit dem Ziele erfolgreichen Handelns, zu ordnen. Das ist es wohl, was wir Verstand nennen. Und es ist feinsinnig, dass man jene Ganzheit und Einheit stiftende Anlage, die wir Vernunft nennen, da schon ganz im Bereich des reflektierenden Denkens als etwas Übergeordnetes, vom Verstand abgehobenes, erlebt hat. Und zwar noch unabhängig davon, welche Götter sich die geplagten Seelen für ihre Verhandlungen mit dem Schicksal erdacht haben.

# Über die Produkte

## Ist Begabung mit Vernunft und Verstand verwandt?

In welchem Zusammenhang mit jenen Anlagen steht die Begabung? – Denn auch Begabungen müssen zu den Ausstattungen zählen, die einem Menschen auf seinen Lebensweg mitgegeben sind. Und zwar in dem Sinne, als sie zunächst noch nicht das Verdienst eines Individuums sein können, als vielmehr eine Vorgabe, ein Teil eines Schicksals.

Das schließt zunächst den Beitrag des Milieus aus; was für das Gesamtbild eines Menschen freilich nicht geschehen darf. Denn der Einfluss von Familie, Schulung und Freundeskreis ist höchst bedeutend. Und zwar in dem Maße, als wir annehmen müssen, dass in den meisten menschlichen Schicksalen der größte Teil der Begabungen, wie wir uns ja zu Recht ausdrücken, gar nicht »geweckt« zu werden scheint.

Dann bleibt auch noch zu bedenken, was wohl alles zur Begabung zählt: Das, was die bekannten Intelligenztests messen, bewertet nur einen kleinen Ausschnitt. Musikalität, bildnerische Fähigkeiten, synthetische, kreative Kräfte, soziale Intelligenz, sogar Motivation als Ausstattung bleiben zuzurechnen. Zumal Intelligenz ohne Motivation fast so wenig schafft wie Motivation ohne Intelligenz.

Zunächst stellen wir im Vergleich fest, dass sich fast alle Begabungen auch wieder auf Gradienten verteilen; wie zum Beispiel von der völligen Unmusikalität bis zum »absoluten Gehör« und zum intuitiv Schöpferischen unserer großen Komponisten. Liegen unsere Ausstattungen mit Verstand und Vernunft auf ähnlichen Gradienten? Davon war noch nicht viel zu erfahren.

Begabung kann auch einen Erbgang zeigen, wie bei den *Bachs* und den *Mozarts*, kann aber in der Folgegeneration auch wieder völlig verschwinden. Eher ist es die Regel, dass die Söhne großer Begabungen diese nicht mehr zeigen. Man mag an *Goethe* oder *Charles Darwin* denken, aber zugeben, dass wir von den Söhnen der meisten Großen überhaupt nichts wissen. Fast alle waren sie zu unbedeutend und sind im Dämmer der Geschichte verschwunden. Auch das ist mit den Vererbungsgesetzen verträglich, weil die Kombinatorik aus dem Erbgang einer Familie alles »heraus-mendeln«, hervorholen, zu neuen Formen führen, wie auch wieder völlig verschütten kann. Gilt das auch für unsere Ausstattung mit Verstand und Vernunft? Auch das wurde noch kaum bedacht.

Vielleicht sind Vernunft und Verstand von grundsätzlich anderer Art, so etwa, dass das Missverstehen von Raum oder Zeit gar kein selbstständiges Leben möglich macht. Aber schon die Erfassung des Vergleichbaren oder der Ausprägung der Formen der Kausalität, die wir zu den *Apriori* der Vernunft rechnen, scheinen in den Menschen verschieden ausgebildet zu sein. Und noch mehr mag das für die erwarteten »ganzheits-stiftenden« Leistungen unserer Vernunft gelten. Freilich wird ein Individuum, das Zusammenhänge nicht vollzieht, nur unter Hospitalisierung überleben. Doch sind wir in dieser Leistung dem Typ der Begabung schon sehr nahe.

Dennoch bleibt ein Unterschied zwischen der Universalität dessen, was wir Verstand und Vernunft nennen, und der Streubreite der Begabungen gegeben.

Vernunft, und noch mehr die Fakultäten des Verstandes, werden wohl durch die Selektion durchgesetzt. Bei den Begabungen scheint es geradezu umgekehrt zu sein. Niemand muss zu Grunde gehen, weil er unmusikalisch ist, farbenblind oder blind für alle Künste. Im Gegenteil, die Diversität der speziellen Ausstattungen ist von arterhaltender Bedeutung. Immer wieder erlaubt sie der Population, über neue Kombinationen in neue Nischen der Lebensbedingungen einzudringen, Unheil vorzubeugen und Erfindungen zu machen, die dann allen zum Vorteil werden.

## Wie naiv ist der Realismus?

Zu den ersten Fragen, welche uns die Unterscheidung von Vernunft und Verstand eingetragen hat, zählt die, wie die Dinge, die wir wahrnehmen, in Wahrheit beschaffen seien. Das ist, auf den ersten Blick, merkwürdig, denn warum sollten sie anders sein, als sie erscheinen? Dies wäre »Naiver Realismus« im engeren Sinn. Aber auch im weiteren Sinn muss »Realität« eine naive Konstruktion bleiben.

Wenn man erfährt, dass beispielsweise der Raum in einer Tischplatte fast leer ist, das Verhältnis der Größe der Quanten in ihr hinsichtlich deren Abständen voneinander vergleichbar ist mit der Größe und den Abständen der Himmelskörper in unserem Sonnensystem – daher können bestimmte Quanten ungehindert durchfliegen –, dann ist jedenfalls der Unterschied zwischen unserer unbewaffneten Wahrnehmung und den »dahinterliegenden« Strukturen der Mikrophysik deutlich. Und dennoch legen wir darauf unbesorgt Bücher und Schreibzeug ab.

Was unsere Kleinsten für real halten, ist zunächst nur das, was sich angreifen (begreifen!) und in den Mund stecken lässt. Vielleicht sähe die Realität eines Regenwurms ähnlich aus. An diese taktile Wirklichkeit schließt eine optische. Bilden ein Stock und ein Bällchen einen optischen Zusammenhang, so vermeinen Kleinkinder, den Ball mittels des Stockes heranziehen zu können. So wird die Realität für die meisten höheren Tiere aussehen. Und erst später reflektieren wir über funktionelle und ursächliche Zusammenhänge.

Die philosophische Diskussion dreht sich dann um die Fragen, ob die Dinge der Welt erst durch unser Denken, oder aber unabhängig von uns bestünden, und ob sie, im letzteren Fall, von materieller oder spiritueller Art seien: also nur durch unser Anschauen ihre Erscheinungsform gewännen, ihr »So-Sein« aber, wie sie in Wahrheit wären, nie zu erkennen sein werde; und schließlich, ob man eher der Wahrnehmung, oder, wie der »Kritische Rationalismus« der Gegenwart meint, eher dem Denken (Vernunft oder Verstand?) vertrauen müsste.

Ich neige zu einem »Hypothetischen Realismus«, der eine von uns unabhängige Welt annimmt, weil wir ansonsten in ihr nicht hätten entstehen können. So ist die Trennung materiell/spirituell unnötig. Einmal, weil sie, wie Form und Funktion, nur eine Trennung unseres Denkens ist, das selbst aus der Wahrnehmung von Erscheinungen, aus Vernunft und Verstand, heraus operiert. Ein andermal, weil Vernunft/Verstand selbst eine solche kognitive Spaltung darstellen. Und das So-Sein lasse ich bei den Philosophen-Konstruktionen, weil sich hinter Quanten noch Quarks, und hinter Quarks noch Sonstiges, vielleicht Unerreichbares, verbergen kann.

Das mag naiv sein, ist aber noch immer die verlässlichste Haltung, um zu verhindern, dass wir uns und die Welt kaputt machen.

### Wo im Gehirn sitzen Vernunft und Verstand?

Die motorischen wie die sensorischen Zentren in unserem Gehirn, also jene, die unsere Bewegungen steuern und Empfindungen aufnehmen, sind überraschend gut, geradezu »logisch« lokalisiert. Man kann auf die Gehirnoberfläche vier Exemplare einer Art »Homunkulus« einzeichnen, Abschnitte beiderseits der zentralen Hirnfurche, welche wie ein Männchen – mit großer Zunge, großen Lippen und Händen, nach sensorischen und motorischen Leistungen – für die linke und rechte Körperseite zuständig sind.

Das ist insofern auffallend, weil das für die kombinatorischen Leistungen keineswegs so deutlich ist, obwohl sie die viel größeren Areale des Gehirns beanspruchen. Freilich kennt man Seh- und Hörzentren und viele andere, aber sie sind diffuser. Und, vor allem, es ist an ihnen auch keine vergleichbare »topografische Logik« zu finden, wohl schon deshalb, weil es eine solche auch in deren Aufgabenbereich nicht gibt.

Vernunft und Verstand sind nun ganz übergreifende Funktionen und beschäftigen so gut wie das ganze Gehirn. Dennoch gibt es eine Differenzierung besonderer Art. Das hat mit der Spezialisierung der Hemisphären zu tun. Von dieser »Lateralisation« war schon im Zusammenhang mit der »Menschwerdung« die Rede. Soweit die Erfahrung heute reicht, scheinen die analytischen Leistungen überwiegend links, die synthetischen rechts abzulaufen. Und es bestätigt die Erfahrung, dass es, namentlich bei begabten Männern, eine dominante Hemisphäre gibt. Nicht, dass die Begabten eine der beiden Hemisphären vernachlässigten. Aber ihr Vertrauen in eine der beiden Leistungen überwiegt. Und das kann der Grund dafür sein, warum man den Typ des Analytikers von dem des Synthetikers unterscheiden kann, und warum die beiden, entlang unserer ganzen Kulturgeschichte, einander misstrauen.

## Bleibt nun die Vernunft dem Mythos unterworfen?

Es ist wieder schicksalhaft für unsere Kultur, dass dem Faszinosum der Entdeckung der Vernunft, wie wir demselben in der Geschichte der »italischen Mathematiker« begegnet sind, das Faszinosum des entdeckten Verstandes gegenübersteht.

Fast zeitgleich tritt das eben im griechischen Kleinasien mit *Thales* und *Anaximander* und dann in den Schulen der so genannten »ionischen Physiologen« auf. Mit Blick auf den komplizierten griechischen Götterhimmel sagt ja schon *Anaxagoras*: »Zu vielfältig und zu kindisch sind die Überlieferungen der Griechen«, als dass man ihnen Glauben schenken dürfe. Und als er in Athen unterrichtet, dass die Sonne ein glühender Körper sein müsse, wird er der Gottlosigkeit geziehen und vertrieben. Und schon da findet sich eine Wende vom Mythos zu den Möglichkeiten der Erfahrung.

Dem reinen Denken sei also nicht zu trauen. Wissen kommt von der Erfahrung, Wirklichkeit (Realität?) von den Sinnen. Hätten die Ochsen Hände, um Gestalten zu formen, lachte eben schon *Xenophanes*, würden ihre Götter Hörner tragen.

Wenn wir beim Ersatz des Mythos durch die Vernunft noch bedenken mussten, ob die Vorgaben der Vernunft nicht doch nur eine abstraktere Form des Mythos wären, so räumt der Verstand mit diesem Bedenken auf. Nichts bleibt vom Mythos; anders bei dem Gedanken, dass die Verlässlichkeit der Sinne nicht doch wieder ein Mythos sein könnte.

Und wir werden sehen, in welcher Weise das einen groben Materialismus, Positivismus und Szientismus anleiten kann, ein mechanistisches oder physikalisches Weltbild, in welchem Geist und Seele zu höchst dubiösen Fantasien werden.

Man bemerkt, dass die Frage nach dem Wesen der Erkenntnis in unserer westlichen Kultur bereits mit zwei einander nahezu ausschließenden Theorien auftritt. Entweder man vertraut der Vernunft oder aber der Erfahrung. Auch diese Spaltung wird unsere Kulturgeschichte begleiten.

### Kann man sich auf die Erfahrung verlassen?

Nach der langen Geschichte jener apriorischen Grundlagen unseres Verstandes, die es möglich machen, Erfahrungen zu sammeln, müssen wir wohl Verstand und Erfahrung vertrauen. Denn die gesamte Reihe unserer Vorfahren, zurück bis zur Amöbe, hat auf der Grundlage dieses Lernmechanismus überlebt. Er basiert auf der Erwartung einer geordneten und konstanten Welt. Keine andere Instanz scheint zur Hand, der Vertrauen gebührt.

Wenn man so weit ausgreift, enthält die Grunderfahrung aller Organismen, daher auch die Ausstattung des Menschen, all das, was über die Versuche der Mutationen als bewährte Anleitung für Bau, Betrieb und Verhalten erworben und in den Genen als Anlage weitergegeben wurde. Und das geschah, unter der strengen Prüfung der Arterhaltung, stets über unzählige Individuen vieler Generationen.

Daran schließt nun zweierlei. Mit verbesserten Gehirnen gewinnt, auf der Grundlage der genetisch verankerten Anlagen, auch der Erwerb individueller Erfahrung Bedeutung: das assoziative Lernen. Mit den ersten Spuren verwendbaren Gedächtnisses wird fast alles als notwendiger Zusammenhang verrechnet, was wiederholt zusammen auftritt. Man nennt das bedingte Reaktion (im einfachsten Fall, wie erwähnt, bedingte Reflexe) oder Konditionierung. Und der Erfolg beruht darauf, dass die meisten regelmäßigen Koinzidenzen wie Donner und Blitz, Schrei und Gefahr, tatsächlich nicht von zufälliger Art sind. Das Lerntempo nimmt enorm zu, die Verlässlichkeit allerdings oft ab.

Mit dem Hellwerden des Bewusstseins und dem grübelnden Menschen erfolgt der zweite Schritt. Alle Anleitung aus der genetischen Ausstattung und dem assoziativen Lernen wird als Grundlage unseres Verstandes erlebt und höchstens in der Folge als eine der Vernunft. Der Rundumgriff ins Gedächtnis bietet enorme neue Möglichkeiten zur Einsicht und Kombinatorik, aber auch zur Verwirrung. Dabei wird weiterhin als nützliche Erfahrung erlebt, was immer sich, mit Rückgriff auf Ausstattung und Gedächtnis, richtig prognostizieren lässt: dass ein geworfener Ball, Krug oder Vogel springen, zerspringen oder fortfliegen werde.

Freilich bleibt alles im Reich der Hypothesen; denn die Welt ist nicht ganz geordnet und stetig, und zudem muss mit Mängeln an Beobachtung und Gedächtnis gerechnet werden. Denn jeder nächste Fall kann die Ausnahme oder die Widerlegung bringen. Es kann keine Gewissheit entstehen, aber immerhin eine an Gewissheit heranreichende Wahrscheinlichkeit.

Nun könnte man sich ja stets korrigieren. Aber Lebenserfolg verlangt Voraussicht, richtige Prognose; die Schwierigkeit liegt in der Unsicherheit jeder Extrapolation. Sie projiziert stets ins Ungewisse. Und man kann nie wissen, wie weit sie gehen darf.

Nun reicht die Erfahrung immerhin so weit, durch die Luft zu »jetten«, dem Herz einen Bypass anlegen und einen Mann zum Mond und zurückbringen zu können. Aber auch Fliegen und Operieren zu erlernen, hat, wie man zugeben wird, viele Leben gekostet. Es bleibt bei einem »Ritt über den Bodensee«.

## Was lenkt die Vernunft zur Moral ?

Ich habe Vernunft bereits als etwas Ganzheit-Stiftendes dargestellt, etwas, das das Weltganze erfassen, den Sinn des Lebens erkennen, Moral begründen und den Menschen intuitiv zu Höherem lenken soll. Und wir haben in ihr Wurzeln der Metaphysik anzuerkennen gehabt, Abhängigkeiten von der jeweiligen Kultur, aber auch biologische Wurzeln, die aus der Arterhaltung zu verstehen waren.

Hier können wir ihre Prüfung auf die Frage nach der Begründung der Moral fokussieren. Zunächst einmal: Hat unsere Moral tiefere Wurzeln, oder ist sie eine Vorschrift, die sich der Mensch zur Eindämmung von Unbill ausgedacht hat?

Lange Auseinandersetzungen um die Theorien der »Soziobiologie« und um die Vorstellung vom »egoistischen Gen« haben schließlich doch moral-analoges Verhalten im höheren Tierreich deutlich gemacht. Ein skrupelloses Jeder-gegen-Jeden erhält die Art nicht besser als Kooperation mit Anflügen von Altruismus. Schon jedes Tier, das vor Feinden warnt, bringt sich, zum Nutzen der Gruppe, in Gefahr.

Die Komplexität unserer Spezies ist uns aber über den Kopf gewachsen, und man muss daher fragen, von wessen Moral nun die Rede sein soll: von Ihrer, von meiner, von der des Abendlandes, des Kapitalismus oder von einer Weltmoral?

Es war daher nötig, Moralvorschriften in Gesetzen festzuschreiben: in den Gesetzbüchern der großen Religionen wie in den säkularen Verfassungen, und sich das Recht zu nehmen, Übertretungen zu ahnden. Auch hier gibt es noch arterhaltende Reste, wie etwa in den »Rechtsgüter-Ordnungen« moderner Verfassungen: nämlich Leben vor Gesundheit und Gesundheit vor Besitz zu stellen. Aber dahinter werden die Regeln bald nochmals widersprüchlich.

Wenn einen das Schicksal mit Kapital, mit hohen Geistes- oder aber Muskelkräften ausgestattet hat, eine Population mit überquellenden Ressourcen, wem stehen sie zur Verfügung? Wenn eine Population von den Sendungen *Jesu* oder aber *Allahs* durchdrungen ist, was legitimiert die Konsequenzen? Das Christentum der Konquistadore hat sich genauso vergangen, wie die islamischen Gottesstaaten. Mir scheinen die Moralkodizes als ein notwendiges Regulativ im Kern dessen, was wir Vernunft nennen. Aber sie sind noch weit entfernt, unser Vertrauen zu genießen.

Die Produkte, die nun Vernunft und Verstand selbst produzierten, sind zu zahlreich, als dass hier eine Systematik versucht werden sollte; zumal wir Wissenschaft und Gesellschaft ohnedies noch näher besehen wollen. Ich will nur noch die künstlichen oder virtuellen Produkte betrachten, die uns diese Ausstattungen eingetragen haben.

Dabei mag man mit den Bedürfnissen des Menschen überhaupt beginnen. Da sind zunächst jene, welche die Erhaltung des Individuums betreffen. Mit ihnen kann nicht verhandelt werden. Der Entzug von Luft, Wasser, Nahrung oder Schlaf führt jeweils in Minuten, Tagen oder Wochen zum Tod. Anders ist es schon mit Sexualität, Gebären und der Pflege der Nachkommen. Individuen können sich, wie die Einhaltbarkeit des Zölibats zeigt, diesen Bedürfnissen entziehen. Eine Population kann es nicht.

Daran schließen aber Bedürfnisse nach Komfort, Bequemlichkeit und Sicherheit, Verstehen und Verstandenwerden, die außerdem tief wurzeln. Interessanter sind jene, die man Bedürfnisse der Seele nennen könnte: Welten der Fantasien, der Symbolik und des Virtuellen.

Vieles mag schon im Traum seine Anleitung gefunden haben – aus einem Gehirn, das sich nie ganz schlafen legt, vielmehr seine eigene Welt erzeugt, die nicht minder bedrohlich erscheinen kann als die reale. Naturvölker schaffen schwere Steinplatten auf die Gräber ihrer Ahnen, damit diese nicht fortgesetzt in den Träumen spuken. Und schon der Frühmensch hat Höhlen bemalt und Fruchtbarkeits-Figürchen geformt: wozu? Zur Beschwörung, wie wir meinen, später als Schmuck, aus einem Drang, zu bilden?

Wir verstehen erst wenig von den Zwecken dieses Hergangs. Gewiss ist, dass der Mensch unserer Geschichte von Musik und Tanz, bildenden und literarischen Künsten umgeben war: greifbarste Ausdrücke dessen, was wir Kultur nennen, und alles Nachbildungen unserer Welten und Götter, wie Gegenstände unserer Wünsche und Sorgen. Die bildenden Künste schufen immer Greifbareres: *Pygmalion*, der sich in seine Figur verliebt, Deckengemälde und Kunstarchitekturen des Barock, in die man hineinzuschweben meint.

Die optische Illusion erweitert der Stummfilm, die optisch-akustische Illusion das Schauspiel, Film und Fernsehen, und schließlich die Computer-Animation unserer Tage. Und bei den Flügen über die Landschaften des Mars wird es bald gleichgültig sein, ob sie der Satellit aufnahm oder Marsforscher sie auf Video kombiniert haben.

Aber auch der rein akustische Kanal kann Menschen bewegen: Das reicht seltsamerweise vom Streichquartett auf CD bis zum Telefonsex.

Eine weitere Ebene haben jene Regisseure erreicht, die Schauspieler ins Publikum gehen lassen, oder das Publikum in die Szene ziehen, dann jene Computerfilme, die dem Betrachter Optionen der Handlung überlassen, nämlich die Handlung schrittweise in die Alternativen von Kitsch, Sex oder Kriminalität zu lenken, ferner die virtuellen Masken, die auch noch taktile Erregungen hervorrufen. Und da sind wir schon längst bei den Tamagochis: virtuellen Wesen, die heulen, wenn die schwierige Pflege nicht gelingt.

Das ist alles bekannt. Was wir nicht wissen, ist, warum das alles geschieht. Gewiss werden wieder Bedürfnisse befriedigt, nun eben solche, die unsere Fantasie zulässt. Für den ganzen Prozess besteht aber der Verdacht, dass wir uns eigentlich eine andere Welt wünschen: eine bessere? Aber was ist besser? Soll sie kultivierter, urtümlicher, abenteuerlicher oder erotischer sein? Und was geschieht der realen Welt, wenn wir sie über der virtuellen vergessen? Virtuell kommt zwar von *virtus*, so viel wie »Tugend« und »Tauglichkeit«. Aber es kann sein, dass wir uns über den Inhalt des Begriffs sehr täuschen.

# Über die Probleme

### Vernunft, Verstand oder Erfahrung?

Wo also wäre ein fester Punkt gegeben, von dem aus unser Zugang zu dieser Welt und unsere Einpassung in sie geprüft werden könnte; in der Vernunft, im Verstand oder in der Erfahrung? Tatsächlich überall und nirgends. Wir haben keinen Hafen. Will das Schifflein unserer Möglichkeiten geprüft und überholt werden, muss das eben auf hoher See geschehen.

Die Vernunft erwies sich als einheitsstiftend, als ebenso notwendig, wie unverlässlich. Fraglos müssen wir unserem Leben einen Sinn zudenken und uns einen Platz in der Welt. Aber wer entscheidet zwischen den Widersprüchen unserer Kulturen? Vernunft, heißt es, hat ohne Verstand keinen Inhalt. Das Wesentlichste aber sollen wir vom Verstande unabhängig erahnen.

Der Verstand hat, mit seiner langen Geschichte, bedeutende Prüfungen erlebt. Noch bis zum Frühmenschen mögen Individuen mit Mängeln des Verstandes von der Selektion eliminiert worden sein. Wie uns derselbe ausstattet, Raum und Zeit zu verstehen, und auch, was wahrscheinlich und was vergleichbar, als Ursache oder Zweck zu nehmen ist, muss jedenfalls so weit mit unserer Lebenswelt übereinstimmen, dass unsere Spezies überleben konnte.

Aber der Verstand geht dem Gewinnen von Erfahrung voraus. Dabei sind wir darauf angewiesen, uns auf bestätigte Prognosen zu verlassen. Was sich in unseren Erwartungen regelmäßig an der gemachten Erfahrung bestätigt, flößt uns Vertrauen ein. Es ist auch nicht leicht, sich eine bessere Lösung zu denken. Dennoch finden wir uns darin in der Lage jenes Huhns, das denjenigen, von dem es gefüttert wird, mit jedem Tag der Fütterung mehr für seinen Wohltäter halten muss; ohne wissen zu können, dass es gefüttert wird, um im Suppentopf des Wohltäters zu landen. Wo steckt der Fehler? Er steckt in der unerlaubten Extrapolation. Dabei geht es nicht ohne Extrapolation, weil jede aus Erfahrung gemachte Prognose über ihre Verallgemeinerung ein Quäntchen Extrapolation enthalten muss.

Das setzt sich in der Unmöglichkeit des »wahrheits-erweiternden Schlusses« fort, von dem schon im Kapitel »Sprache« die Rede war.

Einen archimedischen Punkt, der uns als Standort irgendeine absolute Gewissheit geben könnte, gibt es nicht. Selbst, wenn unser Schifflein umgebaut werden sollte, müsste das, was schwierig ist, wie schon gesagt, auf hoher See geschehen.

Solch unbestimmte Positionen sind uns zuwider. An irgendeine Gewissheit möchte man sich ja wohl halten können. Und lässt uns nicht schon der Alltag erfahren, dass wir uns ganz passabel durch ihn hindurchbewegen? Man kann verstehen, dass in unserer Geistesgeschichte immer wieder nach solch einem archimedischen Punkt gesucht worden ist.

Zwei davon haben ebenso Geschichte gemacht, wie sie einander geradezu ausschließen. Der eine wird, wie erwähnt, im Denken des Menschen gesucht, der andere in der Wahrnehmung.

Den Fixpunkt, den die Rationalisten suchten, also jene Glaubensgemeinschaft, die sich auf die menschliche Vernunft verlassen wollte, hat *Descartes*, im 17. Jahrhundert, auf den Punkt gebracht: *»Cogito, ergo sum«* – »Ich denke, also bin (existiere) ich.« Daher existiert auch die Welt und, worum es eigentlich geht, Gott. Es ist schwer, anzuerkennen, dass diese Welt erst mit dem Entstehen des Denkens real geworden sein soll. Und es gilt als verbürgt, dass eine solche Position den Geist erst so recht in Gegensatz zu einem eher mechanistisch gedachten Körper brachte, und noch mehr in Gegensatz zur Natur.

Kann man dem *»cogito«* als sicherem Ankerplatz nicht trauen, dann könnte die Gewissheit in der Wahrnehmung liegen. Ist es denn nicht völlig gewiss, dass ein Stein, wenn ich ihn loslasse, auch sofort fallen wird? Hatten dann nicht die Wiener Positivisten, schon zu Beginn dieses Jahrhunderts, damit Recht, dass die Gewissheit schon im sorglichen Protokoll einer Beobachtung gegeben sein müsse? Aber kaum war das durchdacht, bemerkte man die Notwendigkeit einer Theorie der Instrumente und, nach deren Diskussion, schließlich noch einer Theorie des Beobachters. Alles erwies sich als theorienbeladen.

Tatsächlich gewinnen wir, alle Möglichkeiten unseres Menschseins zusammengenommen, oft relativ hohe Gewissheiten. Wir finden nach Hause, zeugen, gebären, unterrichten unsere Nachkommen und können teils sogar unserer Vorstellung, unserem Gedächtnis, sogar unseren Lehrern und unserem Denken vertrauen. Nur die Suche nach einem Ort absoluter Gewissheit hat keinen Sinn. Es gibt ihn nicht.

Im Grunde tritt dasselbe Problem in Erscheinung, wenn man fragt, ob Geist und Seele von materieller Art seien, oder aber grundsätzlich andere Eigenschaften besäßen; etwa keine Ausdehnung, dafür aber Unsterblichkeit. Auch das begleitet unsere Geistesgeschichte als die Monismus/Dualismus-Debatte, parallel zu den Positionen des philosophischen Materialismus und Idealismus.

Die Dualisten nehmen an, dass Geist und Seele von immaterieller Art sein müssten, eine ausdehnungslose, unkörperliche *»res cogitans«*, abgehoben von der körperlichen *»res extensa«* des Materiellen. Freilich liegt der Dualismus in einer Reihe von Ausprägungen vor. Alle aber stehen vor dem Problem, den Zusammenhang zwischen diesen beiden Welten begründen zu sollen. Denn ohne Zweifel kann eben schon ein Gläschen Rebensaft die Seele wandeln, wie deren Bedürfnisse den Leib zu jenem Gläschen führen können. Und tatsächlich lässt sich keine stichhaltige Lösung finden.

Wenn nun, umgekehrt, die Monisten behaupten, dass Geist und Seele nichts anderes als Materie seien, muss man doch zugeben, dass sie Eigenschaften zeigen, die man in Substanzen, Körperorganen und selbst in Hirnpräparaten, auch in Spuren, nicht finden kann. Man neigt dann dazu, von »Epiphänomenen« zu sprechen; ähnlich, wie eine einzelne Hirnzelle nicht denken kann und ein einziges Auto keine weltweiten Verbände von Haftpflicht-Versicherungen zur Folge hätte.

Hier ist nochmals wahrzunehmen, dass wir in der Materie nicht nur einen räumlichen Träger von Kräften und Körperlichkeiten sehen müssen, sondern vielmehr gleichzeitig einen Träger fast unkörperlicher Funktion oder Information. Denn man wird zugeben, dass die Körperlichkeit, beispielsweise des hier vorliegenden Textes, sich wandelt, wenn dieser in meinem Computer gespeichert, ausgedruckt ist, oder im Gedächtnis behalten wird, und zwar, ohne dass sich sein Inhalt ändern müsste. Information und Funktion bedürfen materieller Träger; diese können aber in den verschiedensten Formen auftreten.

Ein Dualismus liegt schon vor. Wir erleben ihn als Leib und Seele, als Form und Funktion, in der Mikrophysik als Welle und Korpuskel, und allgemein als Struktur und Information. Das aber ist ein »kognitiver Dualismus«, also einer unseres Auffassens. Nichts dagegen deutet darauf hin, dass diese Welt zweigeteilt sein könnte.

### Haben wir die Welt entdeckt oder erfunden?

Solcherart Überlegungen machen es nochmals empfehlenswert, über unseren denkenden Zugang zur Welt zu reflektieren. Zumal extreme Positionen in der Philosophie zur Ansicht führen, dass etwa die Welt der Dinge überhaupt erst durch unser Denken entstünde. So wenig mit einer solchen Position anzufangen ist, leitet sie doch zu einer greifbaren Frage, nämlich der, ob wir unser Weltbild entdeckt oder erfunden haben.

Natürlich können wir die Welt nicht nur erfunden haben, da wir ja offensichtlich in ihr entstanden sind. Und dennoch ist an der Frage etwas dran: wenn man nämlich bemerkt, dass allen Entdeckungen Erfindungen vorangehen.

Schon die genetische Mutante ist eine Erfindung. Sie »weiß« nichts von der Welt, setzt aber an der Konstruktion eines gegebenen Organismus irgendeine erbliche Änderung. Sollte es sich zeigen, dass man mit dieser Änderung etwa besser fliegen kann, dann hat sich die Konstruktion näher an die Gesetze der Aerodynamik gefügt. Sollte sie erfolglos sein, geht sie zu Grunde.

Wenn wir erwartungsvoll ein neues Experiment mit unbestimmtem Ausgang machen, dann entspricht das Neue, eben nach Art dieses Experimentes, einer Erfindung. Produziert das Ergebnis Unsinn, dann verfällt die Erfindung zum üblichen Gerümpel aus unseren Denkprozessen. Erschließt das Ergebnis eine Gesetzlichkeit dieser Welt, dann wird die Erfindung zur Entdeckung. Sogar Kolumbus hat sich ein Indien an falscher Stelle erfunden, um angeblich die »Indianer« entdeckt zu haben.

Besonders deutlich wird die Frage gegenüber der Mathematik: Sind ihre Gesetze entdeckt oder erfunden? Gewiss wird Einiges ihrer Ansätze aus der vormathematischen Lebenserfahrung stammen, aber höhere Entwicklungen sind gewiss Erfindungen, die sich zu Entdeckungen wandeln, sobald sie uns helfen, Dinge der außersubjektiven Wirklichkeit verlässlicher zu prognostizieren, und zwar so, dass alles, was sich in der Welt bewährt, zur Entdeckung wird, dass wir die Welt aber doch letzten Endes entdeckt haben.

## Führt Vernunft zu Luxurierung?

Nach all diesen Reflexionen über Vernunft und Verstand, Leib, Geist und Seele, kann man schließlich noch fragen, ob wir das alles notwendig hatten. Aber was soll das heißen?

Nimmt man allein die Bedingungen der Evolution der Organismen, dann kann die ganze Menschwerdung als Luxurierung erscheinen. Das nimmt dann allerdings nicht in Betracht, dass auch die speziellen Eigenschaften des Menschen, nämlich Sprache und hellwerdendes Bewusstsein, gewiss aus Bedingungen des Überlebens, durch das soziale Zusammenwirken herausgezüchtet worden sind.

Ich halte ja das Werden des Bewusstseins für den entscheidenden Schritt, der über das ganze übrige Organismenreich hinaus führt. Wir haben uns mit ihm auch gebührend befasst und ebenso mit dem metaphysischen Rätselraten, das es uns als eines seiner frühen Produkte eingetragen hat. Alle weiteren Widersprüche und Ungereimtheiten unserer Reflexionen zähle ich zu seinen Folgeerscheinungen ebenso wie den Umstand, dass wir durch unser bewusstes Reflektieren, also mit der Fähigkeit, mit Erinnertem und Erdachtem beliebig experimentieren zu können, zum Zauberlehrling dieser Evolution geworden sind.

Ob diese Leistung ebenfalls als Bedingung für das Überleben unserer Spezies durchgesetzt werden musste, lasse ich dahingestellt. Viel wahrscheinlicher erscheint es mir, dass diese Leistung von der so tüchtigen, schnellen und im Grunde opportunistisch-gefährdenden »innerartlichen Selektion«, also jener zwischen den Artgenossen, herausgezüchtet worden ist. Insofern ist dann das Produkt dieser Leistung, die Kultur, eine Luxurierung. Weil Kultur eben dort beginnt, wo die Sorge für das zum Überleben Notwendige aufgehört hat. Und dennoch fühlten wir uns in der Vorstellung unwohl, Kultur für ein Ausufern evolutiver Prozesse zu halten.

Schließlich halten wir Kultur für ein höchstes Gut; obwohl wir einräumen müssen, dass uns unsere technische Vernunft (wenn das kein Widerspruch ist) an den Rand der Möglichkeiten brachte, unsere Welt zu zerstören. Selbst, um Gott zu ergrübeln oder geoffenbart zu bekommen, bedurfte es wohl der reflektierenden Vernunft. Vielleicht ist das ein noch höheres Gut. Wiewohl wir uns einen Gottesstaat, sei es im Sinne der Inquisition und der Konquistadoren, oder aber der Ayahtollahs, gewiss nicht wünschen.

Was nun? Führt Vernunft zur Luxurierung? Gewiss, aber sie kann, wie zu sehen, auch darüber reflektieren. Sie kann das Leben zerstören, aber sie kann auch den Sinn des Lebens finden.

*Die Wurzeln unserer Verstandeskategorien haben wir gefunden; selbst die der Vernunft reichen tief in unsere Geschichte. Beide haben sich weit über ihre Ansätze erhoben; dennoch können wir uns ihrer Ursprünge nicht entziehen.*
*Wohin die Höhenflüge unseres Geistes auch führen mögen, sie bleiben höchst kreatürlich; und sie müssen das auch bleiben, so sehr wir auch dazu tendieren, zum Zauberlehrling zu werden. Beide Enden in einem solchen Gradienten – zwischen simpler Ausstattung und geistiger Emanzipation – sind fern von jener Weisheit, die wir meinen. Umsicht tut weiterhin Not.*

# Teil 9 Wissenschaft

*Wo bleiben unter den Säulen der Kultur Religion und Kunst? Ist es legitim, nur der Wissenschaft ein weiteres Kapitel zu widmen? Aber sind jene nicht dabei, den Menschen zu verlieren: die Kirche durch Konservativismus, die Kunst als Bürgerschreck? Und sollten sie den Bürger nicht verloren haben: Was hätten sie verändert?*
*Nichts dagegen hat unsere Welt so nachhaltig verändert wie die Wissenschaft, freilich sogleich mit der Technik im Gefolge; heute ist es die Wirtschaft und Technik, mit Naturwissenschaft im Gefolge. Sie haben den Menschen gegängelt, in eine andere Welt manipuliert. Das ist beinahe schon ein Gemeinplatz; ebenso wie die Feststellung, dass Wissen Macht bedeutet. Und dennoch setzt sich hier nur jenes lebenserhaltende Prinzip fort, dass richtige Prognostik Erfolg bedeutet.*

## Was überhaupt ist eine Wissenschaft?

Zunächst scheint die Antwort einfach. Aber der Volksmund weiß zudem, dass man aus allem eine Wissenschaft machen kann. Fachlich ist sie durch Forschung, Lehre und Literatur methodisch gewonnenes und geordnetes Wissen; *sciencia* oder *episteme*, im Gegensatz zum Meinen und Vermuten, *opinio* und *doxa*. Das ist zudem mit dem Wunsch verbunden, das Erkannte und Geordnete auf Erklärungen zuzuführen.

Im Ganzen aber ist eine Wissenschaft, ob Astronomie oder Astrologie, das, was man für eine solche hält, oder vereinbarungsgemäß aus dem Rahmen ihrer Würden nicht ausschließt: eine Wertung. Besser wäre sie bestimmt, wenn man die Wissenschaften in einem Gradienten zwischen Ratlosigkeit und Trivialität nach dem Umfang und der Verlässlichkeit der Prognosen taxiert, die sie zulassen. Denn schon die Alchemisten haben vielerlei richtig prognostiziert, und die Seefahrer sich, nach einem Ptolemäischen Weltbild der sieben Kristallschalen des Himmels, ebenso gut orientiert.

Noch mehr ist Wissenschaft eine Herausforderung des uns gegebenen Intellekts, und zwar insofern, als sie sich all ihrer Ratlosigkeiten nicht schämt, aber sich wegen behaupteter Trivialitäten schämen würde. Das Schöne an ihr ist das Spiel, diese Herausforderung anzunehmen, das Hässliche ihre Anmaßung.

# Über die Entstehung

## Woraus ist Wissenschaft entstanden?

Tiere betreiben keine Wissenschaft. Dennoch prognostizieren sie höchst methodisch große Teile ihrer Wirklichkeit gut genug, um zu überleben. Die Weise vorzugehen ist angeboren. Es mag sogar sein, dass auch uns Menschen nichts gelingt, was als Möglichkeit nicht schon vorbewusst angelegt war. Wir sprechen wieder vom »ratiomorphen Apparat«, der zwar nichts mit Vernunft zu tun hat, uns aber dennoch vernunftsähnlich lenkt.

Und was uns als Neugierde antreibt, ist auch schon als »exploratives Verhalten« angelegt mit der lebenserhaltenden Funktion, neue Orte und Umstände zu erkunden, um die Prognosen von morgen zu verbessern.

Mit unserer Sprache und dem Hellwerden des Bewusstseins wird der Prozess beschleunigt. Zudem aber kommen, wie man sich erinnert, zwei neue Qualitäten hinzu: das Vertrauen auf das reine Denken, das zu Logik und Mathematik führt, und die Grübelei. Wissenschaft überwindet und verunsichert den ratiomorphen Apparat.

Sobald in unserer Kultur von methodischem Erkunden die Rede war, hat man das Philosophie (»Liebe zur Wahrheit«) genannt, und bis in die Aufklärung den Wert einer Studie als »philosophisch« hervorgehoben, wenn sie Anspruch auf ein geschlossenes System erheben wollte. Dennoch sind alle Disziplinen, sobald sie von der Grübelei zu praktischer Erfahrung wechselten, ob empirisch oder logisch-deduktiv (von Annahmen ableitend), aus der Philosophie herausgetreten, sogar »herausgetreten worden«: Von innen gesehen zählten sie zu den minderen Einzelwissenschaften, von außen zu den emanzipierten, und schließlich zu emanzipierten und undankbaren Kindern der Philosophie. Das ging von der Astronomie und Mathematik über Physik, Medizin, Biologie, Chemie, Geschichte, Politologie usf. bis jüngst zur Soziologie und der »fuzzy logic«.

## Was hat ihre Entwicklung angetrieben?

Nichts in unserer Kultur ist so gewachsen, und wächst immer noch exponentiell, wie die Wissenschaften. Selbst die Größen unserer Staaten, Bauwerke, Armeen und Kapitalströme, bleiben gegen dieses Wachstum zurück. Als Antriebe kann man Neugierde und den Nutzen der Voraussicht nennen, aber zwei neue Bedingungen kamen hinzu: die Erbauung durch Bildung und, dem gegenüber, der schamlose Gewinn von Einfluss und Macht.

Denn heute sind mehr Wissenschaftler unsere Zeitgenossen als Wissenschaftler zu allen Zeiten gelebt haben; wodurch die Wissenschaften heute zum größten und mächtigsten Apparat unserer Zivilisation geworden sind. Darum verdienen sie ein eigenes Kapitel.

Der Nutzen zutreffender Voraussicht ist uns schon geläufig: Richtige Prognostik sichert Lebenserfolg. Die Fakten dieser Welt aber sind uferlos und sollen in eineinhalb Liter Hirnvolumen untergebracht werden. Die Folge lässt schon eine Struktur aller Wissenschaften verstehen: die hierarchische Gliederung erkannter Zusammenhänge. Je umfassender eine Einsicht, umso mehr kann aus dem gleichen Gedächtnisinhalt vorhergesehen werden.

Bildungsbedürfnis zählt zu unseren liebenswerten Anliegen und mag aus jenen Anlagen zu verstehen sein, die wir im Zusammenhang mit der Vernunft erörtert haben. Es hat sich aber über ein Wertkriterium verselbstständigt, wirkt Entropie, Chaos und Verwirrung deutlich entgegen, und ist wohl der Strang, an dem alles, was wir Kultur nennen, zusammenläuft.

Aber, wie eben der Teufel an allem Menschlichen mitschaffen durfte, das Bedürfnis nach Einfluss und Macht ist zum Hauptantrieb unserer Entwicklung geworden. Schon die Verteilung der Mittel für die Forschung legitimiert diese grobe Behauptung; von der Numismatik und Altbyzantinistik zur Quantenphysik und Genforschung steigen die Zuwendungen auf das Vielmillionenfache. Die Industrieforschung allein wendet schon mehr auf als alle unsere Universitäten zusammen.

Und es ist gespenstisch, wahrzunehmen, dass unsere teuersten Aufwendungen an Ausbildung und Spezialisierung, vielfach der besten Köpfe, die sich unsere Gesellschaft leisten kann, in nichts anderem aufgehen, als in der Systemerhaltung konkurrierender Industrien, mit Einsichten, die in Patentämtern und Geheimtresoren landen. Die Entropie holt uns auf diesem Umweg wieder ein.

### Ist ihre Entwicklung auf den Zufall angewiesen?

Eine andere Frage ist, was der Entwicklung der wissenschaftlichen Themen den Weg bahnt. Was zunächst ins Auge fällt, ist die Insistenz, mit der Wissenschaftler das Anliegen verfolgen, in welchem sie sich einmal festgebissen haben. Das hängt wohl mit der Ehre zusammen, mit Einsichten in die Grenzen der eigenen Möglichkeiten, aber auch mit der Erwartung, dass die Wahrscheinlichkeit, die Goldader zu erreichen, mit der Länge des schon gebosselten Stollens doch wachsen müsste.

Andererseits ist die Geschichte der Entdeckungen angefüllt mit wahren und falschen Anekdoten über deren Zufallscharakter.

Im Grunde steckt ein Prinzip dahinter. Schon in der Evolution der Organismen geht alles Neue auf die Zufallsänderungen der Mutationen zurück; deren Erfolgswahrscheinlichkeit dagegen freilich auf die Grundlage der gegebenen Ausstattung. Bei den Tintenfischen war die Entwicklung anders als bei den Meisen. Das ist bei unseren Entdeckungen ebenso. Der Zufall führt den Weg zum wirklich Neuen. Wäre das nicht so, könnten wir ja, da alle Prämissen in den Bibliotheken und Labors verfügbar sind, heute noch alle wünschenswerten Erfindungen und Entdeckungen machen. Freilich wieder auf der Grundlage unserer Ausstattung und Interessen. Bei den Philologen verliefe dies anders als bei den Gentechnikern.

So driftet und proliferiert die Wissenschaft in bewundernswerter Weise in alles hinein, was uns eben zwischen Trivialität und Ratlosigkeit als intellektuelle Herausforderung erscheint, kippt aber längst in jene schräge Bahn, die Forschern und Labors Geld und Einfluss, Industrien und Staaten Gewinn an Macht verheißt.

# Differenzieren Wissenschaften oder zerfallen sie?

Die auffallendste Struktur in der Entwicklung der Wissenschaften ist deren Zerlegung. Zwar sind sie alle Kinder jener Mutter »Philosophie«; doch bilden sie heute ein graues Heer von Nachkommen in babylonischer Unvergleichbarkeit ihrer Sprachen.

Zunächst hängt das mit dem Wachsen an Fakten zusammen. Zu sagen, dass man eben nicht mehr alles wissen kann, ist trivial. Auch ist es nahe liegend, sich auf irgendetwas festzulegen, um halbwegs in die Tiefe zu kommen. Auch das ist anerkannt. Dass aber mit der Zerteilung auch Verantwortung delegiert werden kann, ist zu einem Problem geworden, auf das ich zurückkomme.

Freilich ist schon an dieser Stelle zu fragen, warum nicht höhere Zusammenfassungen entstanden sind, warum das schon bedachte Prinzip, übergeordnete Einsichten, Theorien oder Gesetze zu formulieren, nicht weiterführte; anders gefragt: was die Gelehrten das humboldtsche Bildungsideal aufgeben ließ.

Zwei Gründe sind anzugeben. So unterschiedlich sie sind, hängen sie doch beide mit dem Verhältnis unserer Ausstattung zur Struktur dieser Welt zusammen.

Analysen erscheinen uns bemerkenswerter als Synthesen, vielleicht, weil das Produkt leichter kenntlich oder mit Gewinn zu verbinden ist, oder uns schon das Fell des Höhlenbären näher war als seine Herkunft von einem Säugetier, das Mahlen des Getreides zugänglicher als seine Entstehung. Wir haben immer von der Zerlegung der Natur gelebt, werden dafür auch bestraft und werden ihre Synthese wieder zu bedenken haben.

Durchsichtiger ist der Umstand, dass wir die Einheit der Welt nach Schichten ihrer Komplexität zerschlissen haben: in Physik, Chemie, Biologie, Psychologie, Sozial- und Kulturwissenschaften, und indem wir in diesen kaum vergleichbaren Sprachen sprechen; und zwar deshalb, weil stufen- und phasenweise neue Qualitäten und andere Begriffe dominieren. Freilich setzt sich jede Schicht aus den vorhergehenden zusammen, aber wir haben keinen Sinn für Phasenübergänge oder das Entstehen von neuen Qualitäten, wenn sie auch in

Spuren in ihren Konstituenten nicht vorhanden sein können: die Psyche nicht im Regenwurm und der Regenwurm nicht im periodischen System der Elemente. Ein Eiweißmolekül lebt nicht, und eine Hirnzelle kann nicht denken.

Im Grunde sind wir geborene Präformisten und nehmen gern bequem an, dass alles schon vorgegeben war: so wie im Spermium, wie es ja die ersten Mikroskopiker zeichneten, doch angeblich schon ein winziges Männchen sitzt. Und wir nehmen es gleichzeitig hin, von jener definitorischen Art unserer Sprache und Logik angeführt, dass Trennungen mehr überzeugen als Übergänge. Das ist so merkwürdig wie wenig bedacht.

Natürlich ist beides falsch; aber die Konsequenzen werden erst in dem Maße katastrophal, als wir uns anmaßen, in die Welt einzugreifen. Das ist aber im Rahmen der Probleme zu besprechen, die uns die Wissenschaften produzierten.

## Lösen sich Wissenschaften wieder auf?

So manche Wissenschaft ist völlig in die Irre gelaufen und man fragt sich, was dann geschieht. Löst sie sich wieder auf? In der Regel geschieht das nicht.

Einmal hat das mit ihrem Beharrungsvermögen zu tun. Eingeschlagene Wege schleppen sich fort und die Hoffnung, dass ein schlagender Gegenbeweis eine Theorie stürzen könne, hat sich oft als irrig erwiesen. Nicht Theorien konkurrieren miteinander, sondern wissenschaftliche Schulen. Und auch da gilt die Drei-Phasen-Regel, dass neue Einsichten zunächst totgeschwiegen, dann bis aufs Messer bekämpft und schließlich für selbstverständlich genommen werden.

Wichtiger aber noch ist der Umstand, dass es nicht die Beobachtungen sind, die sich in der Entwicklung von Wissenschaften als falsch erweisen, sondern fast immer nur die ihnen hinzugefügte Erklärung. Die relative Bewegung der Gestirne hat sich nicht geändert, als aus dem geozentrischen Weltbild ein heliozentrisches wurde, die Gliederung der Wirbeltiere vom Kreationismus zum Evolutionismus auch nicht, und selbst *F.J. Galls* falsche und sogar bald verbotene Theorie, aus Schädelformen auf psychische Eigenschaften zu schließen, hat nichts an den fein unterschiedenen Schädelformen geändert. Astronomie, Systematik und Anthropologie sind über diese Wenden hinweggegangen.

Dahinter steckt etwas Grundsätzliches: Auf das Erkennen selbst höchst komplexer Muster sind wir durch die Systeme unserer Gestaltwahrnehmung vorzüglich vorbereitet. Die Erklärung hingegen ist durch eine reflektierende Konstruktion hinzuzufügen. So kommt es, dass Erkennen nicht nur vor dem Erklären liegt, dass sich Erkanntes durch Wechsel der Erklärung nicht ändert, hingegen Änderungen im Erkannten sogleich eine Änderung der Erklärung verlangen.

# Über die Produkte

## Wie verlässlich sind ihre Produkte?

Solcher Wandel lässt natürlich fragen, wie verlässlich das ist, was unsere Wissenschaften erklären. Nachdem sie uns eine Voraussicht für morgen geben sollen, fragen wir pragmatisch: Wie verlässlich sind ihre Vorhersagen?

Das kann in diesem Sinn nur für die Erfahrungswissenschaften gelten. Bei den Formalwissenschaften, Logik und Mathematik, ist das anders. Fachlich sind es »axiomatisch-deduktive« Wissenschafts-Systeme. Das heißt, sie leiten von Ausgangsannahmen ab: z.B. von den Axiomen der klassischen Logik oder der euklidischen Geometrie. Und als wahr gelten dann jene Ableitungen, die sich widerspruchsfrei auf die Axiome zurückführen lassen; in der Mathematik nennt man das sogar Beweise.

In der Empirie dagegen gilt eine Aussage als wahr, wenn sie sich fortgesetzt an der Erfahrung bestätigt. Zwingend kann das natürlich nicht sein, denn jeder nächste Fall kann die Widerlegung bringen. Es sind Wahrscheinlichkeiten, jedoch bis zu sehr hohen Graden.

Freilich, wie man sich an das Beispiel von jenem Huhn erinnert, genügt das noch nicht. Eine für sich allein stehende Theorie läuft, paradoxerweise, immer Gefahr, auf dem Gipfel der von ihr gebotenen Überzeugung widerlegt zu werden. Theorien gewinnen nur mit und innerhalb von Theorien bestimmte Grade von Gewissheit. Erst wenn, beispielsweise, Fallgesetz, Wurfparabel, Hebel und schiefe Ebene sich zu *Galileis* »Irdischer Mechanik« verbinden, Theorien der Bewegungen von Himmelskörpern zu *Keplers* »Himmelsmechanik« und beide zusammen zu *Newtons* Gravitationstheorie, gewinnen sie gemeinsam an Verlässlichkeit.

Das aber ist in den Wissenschaften nicht immer bedacht und noch seltener auf die Probe gestellt worden. Den meisten Wissenschaften gebricht es an solcherart hierarchischen Systemen von Theorien. Meist werden »Mikrotheorien« entwickelt, um den eigenen Beobachtungen den Status einer Wissenschaftlichkeit anzudichten.

Selbst dort, wo es schon große Theoriensysteme gibt, wie in der Physik und der Biologie, muss man noch Unvergleichbarkeiten der Theorien der Quanten- und der kosmischen Physik, der molekularen Genetik und der Morphologie hinnehmen. Das wollen wir nicht weiter ausführen. Wir müssen vorerst hinnehmen, dass wir uns auf unsicherem Terrain bewegen.

Als die Kernphysiker erklärten, dass sie Brennstäbe zünden könnten, hatten sie extrapoliert, das Energieproblem der Menschheit lösen zu können. Die sozialen und politischen Folgen hatten sie kaum bedacht, zumal derlei ja auch nicht zu ihrem Fach zählte. Umgekehrt fühlten sich Soziologen und Politologen davon wenig berührt, denn das war offensichtlich eine Sache der Physiker. Die daraus entstandene Bedrohung betrifft uns alle. Und wenn dieses auch eine Sache von gestern sein mag; mit dem Eingriff ins Genom wird dasselbe geschehen. Welcher Molekulargenetiker überblickte gleichermaßen Ökosysteme und die sie gefährdenden Flüsse von Kapital?

## Ist eine Theorie für »alles« zu erwarten?

Wenn es richtig sein sollte, dass sich Theorien zu hierarchischen Systemen zusammenfügen, ist dann eine oberste, eine Theorie »über alles« denkbar, von der die Einzelereignisse abzuleiten wären? Zunächst sind das zweierlei Fragen. Es kann als ziemlich verlässlich gelten, dass alle unsere empirische Erfahrung von einem mittleren Bereich irdischer, sogar menschlicher Dimensionen ausgeht. Selbst die Sterne dachte man sich als leuchtende Kügelchen, ohne den Gedanken, dass die Annäherung nur eines einzigen einen Zwerg wie unsere Erde verschlingen würde.

Man erinnert sich, dass, vom beobachteten Steinwurf aus,

Theorien von der irdischen Mechanik zum Gravitationsgesetz und schließlich weiter zur Relativitätstheorie des Megakosmos aufbauen konnten. Es gibt aber noch eine zweite Pyramide, die, von der Beobachtung, dass Glas zerschellt und Blei leicht schmilzt, Eisen aber nicht, in die Tiefe der Mikrophysik, zu den Quantengesetzen, führt. So haben wir also zwei Enden und zwei Endtheorien, die sich noch nicht so recht zusammenfügen lassen.

Ein zweite Erfahrung lehrt, dass es keine »eternalen«, ewigen Gesetze geben dürfe. Alle sind geschichtlich entstanden und hätten zu ganz anderen Ergebnissen führen können. Selbst die Gesetze der Physik sind nur älter als jene, welche die Lebensentstehung oder den Bau der Säugetiere bestimmten. Alles in diesem Kosmos hat Geschichte, und das hat mit »Indeterminismus« zu tun; also mit unvorhersehbaren Freiheitsgraden am Wege der Differenzierung. Eine deterministische Welt, in der alles vorhersehbar wird, wäre absurd. Zum Beispiel wäre eben auch kein Experiment möglich, denn der Vorgang wäre auch schon vorgesehen gewesen.

Zwar würfelt Gott, aber er hält sich an die erwürfelten Gesetze. Zwar reichen die Gesetze der Physik durch alles Lebendige, alles Biologische, durch Psyche und Gesellschaft; aber kein kosmischer Geist hätte vorhersehen können, dass die Erde so viel Wasser, das Leben Wirbeltiere, und *Albrecht Dürer* Selbstbildnisse bilden würde. Und zwar deshalb, weil Leben, auch in Spuren, in keinem Atom vorkommt, und Denken in keiner einzigen Nervenzelle.

Also: Umfassendste Theorien begleiten die Forschungsgeschichte, ob sie sich zusammenfügen lassen, wissen wir nicht, und ob sich mit erweiterter Kenntnis das Unbekannte dahinter verringert, ist unwahrscheinlich. Einzelfälle ihrer komplexen Konsequenzen lassen sie nicht vorhersagen. Ihr Nutzen liegt in der Erweiterung unserer Erwartung von der Widerspruchsfreiheit hin zur Erfahrung prüfbarer Systeme von Theorien.

## Tragen Wissenschaften zur Bildung bei?

Unsere Universitäten und Akademien betrachten wir, und wahrscheinlich zu Recht, als unsere höchsten Bildungsstätten. Aber die deutsche Sprache legt uns eine Unterscheidung zwischen Bildung und Ausbildung nahe, und wenn sich diese auch erst seit *Pestalozzi* und den *Humboldts* eingebürgert hat, stellt sich doch die Frage, ob sie bilden oder ausbilden.

Unter Ausbildung verstehen wir den Erwerb bestimmter Kenntnisse und Fähigkeiten, was auch den Begriff der Vorbildung einschließt. Bildung hingegen nehmen wir als einen Vorgang oder Zustand innerer, geistiger Formung, die ein Mensch in absichtsvoller Auseinandersetzung mit den Gehalten seiner ganzen Kultur entfaltet. Dabei hat, bei den meisten »studiosi«, der Erwerb von Bildung den Charakter eines Anliegens, der Erwerb von Ausbildung den einer Voraussetzung; von ersterer erwarten wir innere Reifung, von letzterer Ausstattung für einen Beruf, selbst für eine Berufung.

»Bildung für alle« zählt zu den nobelsten Ansprüchen unserer Gesellschaft. Aber wer bietet sie an, und wie wird sie erworben? Vielleicht sind Philosophie-, Kultur- und Geistes-Geschichte diesem Angebot noch am nächsten. Die allermeisten Lehrkanzeln sind es nicht. Sie bieten Ausbildung; und auch wenn wir Ausbildung als eine Voraussetzung für Bildung nehmen, erleben wir doch, dass unsere unmittelbarsten Bildungsanliegen in deren Rahmen weder behandelt noch abgefragt werden können.

Wie nun einer das entwirft, was wir einen Bildungsweg nennen, wird von seinen Anlagen, seinem Milieu und seinen Ambitionen abhängen; und im Grunde bliebe es ja niemandem verwehrt, sich seine Bildung aus den unterschiedlichsten Angeboten von Ausbildung zusammenzuflechten. Aber wir kennen die Ursachen dafür, dass das heute kaum mehr geht. Die alte »Universitas« hatte das noch vorgesehen, Philosophie mit den Lehren der Kirche, der Heilkunde und der Physis der Welt zu verbinden. Im Heer der Fächer hat sich das aufgelöst. Und uns selbst verlangt das Leben zunächst Ausbildung ab.

Sind damit unsere hohen Bildungsstätten zu Ausbildungsstätten verkommen? Viele meinen das. Und wenn das so sein sollte, müssen wir uns dann nicht in einer anderen Weise um unsere Bildung bemühen? In unseren Demokratien ist Bildung ja schon längst kein Luxus des Einzelnen mehr, weil, wie es sich immer wieder zeigt, die Entscheidungen in großen Fragen zu Bildungsfragen des »Souveränen Bürgers« geworden sind. Vielleicht ist die Umweltschutz-Bewegung der Sache noch am nächsten, weil in ihr das Zeug zu einer Kulturschutz-Bewegung steckt.

## Lösen Wissenschaften unsere Lebensprobleme?

Fragen wir also getrost auch nach unseren eigenen Belangen. *Bertolt Brecht* lässt in seinem Schauspiel »Galilei« den greisen, schon unter Hausarrest stehenden Meister sagen: »Es muss die einzige Aufgabe der Wissenschaften sein, die Mühseligkeiten der menschlichen Existenz zu lindern.« Das ist schon recht, wenn man heute Umwelt- und Kulturschutz einbezieht. Sieht man aber auch *Brechts* Hinterhältigkeit? Welche Mühseligkeiten hat *Galileis* Entdeckung denn gelindert? Zank, Unheil und Inquisition hat sie nach sich gezogen. Also Vorsicht!

Nun wäre es undankbar, würde man die großen Leistungen, welche Medizin und Pharmakologie für die geplagte Kreatur erbracht haben, nicht achten. Aber die Frage, wie lange wer von uns an einer Überlebens-Maschine hängen darf, haben wir nicht gelöst. Vielleicht hat es uns sogar gut getan, zu erfahren, dass wir nicht das Zentrum des Universums sind, ins Tierreich gehören, und dass selbst der Geist nicht vom Himmel fiel. Aber auch darin kann man so sicher nicht sein.

Näher besehen geht es um die Frage, was wir für unsere Lebensprobleme halten. Hat sich unsere persönliche Sicherheit erhöht? Im Vergleich mit der Zeit der ersten Universitäten: gewiss. Es mag also, von französischen Wissenschaftlern, den Enzyklopädisten, angeführt, die Aufklärung einiges gebracht haben; und eine »Abklärung«, die, wenn heute auch noch kaum gehört, die Grenzen menschlicher Möglichkeiten andeutet, mag noch wichtiger werden.

Wie aber steht es mit dem Rest unserer Bedürfnisse? Die Wissenschaften stillen unseren Wissensdurst, wenn auch in verwirrender Weise. Die Techniken fördern Kommunikation, wenn auch bis ins Chaos elektronischer Vernetzung. Ist das, was bleibt, nur mehr Förderung unserer Bequemlichkeit? Es sieht fast so aus. Und wenn das so sein sollte, bleibt die Frage, wie wir Nutzen und Schaden, die erreicht wurden, gegeneinander verrechnen.

*Lord Snow* hat, schon in den 60er-Jahren, in einem berühmt gewordenen Vortrag von »den zwei Kulturen« gesprochen. Kurz: Er stellte fest, dass die Naturwissenschaften die Welt ziemlich unbedacht verändern, und die Geisteswissenschaften, außer Lamenti, nichts beizutragen haben. Man war empört. Aber natürlich hat *Snow* Recht.

Tatsächlich kann man die »Macher« von einer stilleren Gruppe von Wissenschaftlern unterscheiden, die dadurch etwas Nobles an sich haben: wie die Altphilologen oder die Kunsthistoriker. Aber die Grenze liegt nicht einfach zwischen den Natur- und den Geisteswissenschaften; die Grenze liegt dort, wo man in diese Welt entweder eingreifen kann oder nicht. Geophysikern oder Astronomen ist es verwehrt, ihre Gegenstände zu manipulieren.

Natürlich sind die Wissenschaften nicht aus dem Bedürfnis entstanden, die Welt zu verändern, sondern, sie zu verstehen. Die ärztlichen Künste bilden einen Sonderfall unmittelbarer Praxis. In den »theoretischen Fächern« dagegen entstand das Manipulieren in Wechselwirkung mit den Bedürfnissen von Staat und Gesellschaft; mit einem fallenden Gradienten entlang zunehmender Komplexität des Gegenstands. Allen voran die Physik, die den ganzen »boom« der Industrialisierung angeführt hat, gefolgt von der Chemie, die nicht nur uns mit Medikamenten versorgt, sondern zudem die ganze Welt mit Kunstdünger, Pestiziden und Plastik überzieht. Es folgen zeitlich die Biologen, die zunächst die Züchtungen fachlich verbesserten und nun ins Genom eingreifen. Besonders engagiert auch die Psychologen mit ihren Beratungen und Hilfen in klinischen Fällen. Und ob, zuletzt, die Soziologen unsere Gesellschaftsexperimente zu verantworten haben, ist auch eine Frage. Für Beratung mögen sie verantwortlich sein, für die großen Experimente eher die Ideologien.

Dieser Gradient ist aufschlussreich. Zum einen ist es trivial, dass der Erfolg von Eingriffen in zunehmende Komplexität abnehmen wird. Gar nicht trivial dagegen ist es, wieder übersehen zu haben, dass alle Wirkungen aus tieferen Schichten durch alle höheren hindurchreichen werden: so die Kernspaltung in Gesundheit, Gesellschaft und Politik; das kennen wir schon.

# Über die Probleme

## Besitzen wir ein geschlossenes Paradigma?

Ich beginne mit einem Problem, das auf den ersten Blick reichlich akademisch wirkt; die Welt der »Ismen«, die unsere ganze Kulturgeschichte durchziehen. Hier aber beginnt schon das Dilemma; denn es handelt sich jeweils um Paare einander widersprechender Positionen. Fünf davon will ich darstellen: Kreationismus/Evolutionismus, Rationalismus/Empirismus, Idealismus/Materialismus, Dualismus/Monismus, Holismus/Reduktionismus. Nun ist das ja nicht Niederschlag eines Narrentreibens; im Gegenteil, alle unsere großen Geister sind darin verstrickt. Oder: Wurden sie große Geister, weil sie sich darin verstrickten?

Kreationisten behaupten, dass die Welt erschaffen wurde. Was genau? Der Wald und seine Tiere? Die Berge und Seen, die Menschen und ihre Kulturen – wo wir nachgerade zusehen können, wie sie sich entwickeln? Die Evolutionisten behaupten, dass sich die Welt entwickelt hat. Was (wer) hat den Urknall entwickelt? Was hätte vorgesehen, dass sich Materie bilden kann und genauso die Strukturen im Kosmos? Man wird schon hier unsere menschlichen Grenzen erkennen.

Die Rationalisten vertrauen der Vernunft, die unserer Seele gegeben sei. Wie wäre es sonst zu verstehen, dass wir das Wahre, Gute und Schöne anstreben, dass unsere Logik und Mathematik in die Welt passt? Wie aber ist einer Seele zu trauen, von der schon gesagt wurde, dass ein Glas Rebensaft sie die Welt umarmen lässt, um sich darauf in die Höhle eines einzigen hohlen Zahnes zurückzuziehen? Die Empiristen vertrauen der Erfahrung. Woher sonst wüssten wir, wer unsere Mutter ist und wo unser Haus steht? Wie aber wäre zu begründen, dass die Erfahrung, die wir machen, der Welt entspricht?

Die Idealisten behaupten, dass der Geist am Anfang der Dinge steht, Leben und Materie geschaffen wurden, um ihn zu tragen. Denn woher, wenn nicht aus dem Anfang, sollte er gekommen sein? Wo aber beginnt er aufzutauchen: bei der Geburt, im Embryo, bei der Befruchtung? Die Materialisten behaupten, Materie sei die Grundlage von allem. Denn nichts Geistiges sei ohne materiellen Träger denkbar. Aber reduziert sich das Materielle nicht schließlich ganz aufs Geistige, nämlich in der Idee, in einer Symphonie, gleich, in welcher Form es auf uns zukommt?

Die Dualisten sehen die Welt in Geist und Materie geteilt. Denn wo sollte ein Übergang vorliegen? Wie aber bliebe zu verstehen, dass die beiden, wenn sie getrennt seien, doch nebeneinander herlaufen? Von den Monisten gibt es zwei Sorten: für die idealistischen ist alles Geist, für die materialistischen alles Materie. Wer aber begründete dann den Unterschied, der offenbar vorliegt?

Die Reduktionisten erwarten, dass sich komplexe Systeme rückstandslos aus ihren Teilen erklären lassen. Denn was, ausgenommen ihre Teile, sollten sie sonst enthalten? Dagegen bleibt zu fragen, wo sich denn Spuren von Literatur im Tierreich, und von Leben in einem Atom fände? Die Holisten erwarten, dass das Ganze mehr als die Summe seiner Teile sein müsse. Denn wie ansonsten wäre das Auftreten neuer Qualitäten zu verstehen? Wo aber fänden sich die Gesetze, die das begründen?

Dreierlei finde ich darin aufschlussreich: wie unsicher wissenschaftliche Positionen sind, wie lange Widersprüche nebeneinander leben können, und wie wir trotz alledem irgendwie weitergekommen sind.

## Was ist Reduktionismus und birgt er Gefahren?

Die Diskussion um den Reduktionismus hat immer noch den Anstrich einer innerwissenschaftlichen Querele, von der die Öffentlichkeit nichts wahrzunehmen braucht, obwohl die Weise, wie Wissenschaften in unser Leben und unsere Umwelt eingreifen, von den Reduktionisten gesteuert wird.

In so heikler Angelegenheit muss man genau sein und drei Formen des Reduktionismus unterscheiden: den theoretischen, den pragmatischen und den ontologischen. Der »theoretische Reduktionismus« entspricht dem Nutzen, Einsichten in Gesetzlichkeit auf einfache Schreibweisen zu reduzieren. Das ist in Ordnung. Die beiden folgenden basieren auf einem speziellen Paradigma.

Der »pragmatische Reduktionismus« geht von der erwähnten Annahme aus, dass komplexe Systeme aus den Eigenschaften ihrer Konstituenten zureichend verstanden werden könnten; denn was, außer diesen, könnte sich in ihnen befinden? Die Ansicht, dass ein Ganzes mehr als die Summe seiner Teile sein müsse, wird als leeres Reden genommen. Denn, so legitimiert man das Paradigma, wo immer unser Eingreifen in die Natur kausale Zusammenhänge aufdeckt, ergeben sich die Eigenschaften jener Konstituenten; und was sich nicht ergibt, bleibt exakter Naturwissenschaft ohnedies nicht zugänglich. Chemiker, Biochemiker und Molekularbiologen führen diese Bewegung an – entgegen den Holisten unter den Biologen.

Der »ontologische Reduktionismus« geht von dieser Forschungspraxis zur Annahme weiter, dass das, worin man eingreifen kann, wohl auch schon alles wirklich Existierende wäre. Das ist gefährlich.

Tatsächlich hat noch kein Versuch, Komplexes aus seinen Bauteilen zureichend zu verstehen, Erfolg gehabt. Stets treten Emergenzen, Eigenschaften auf, die auch in Spuren in jenen Konstituenten nicht gefunden werden. Diese Eigenschaften sind auch nicht zu erraten, weil beim Zusammentreten vieler Bauteile – und mit sich ändernden Bedingungen des Obersystems, des Milieus – die Zahl der Möglichkeiten unübersehbar groß wird. Man muss auch vom Ganzen ausgehen und es dort, wo es unveränderbar erscheint, achten und schützen. Denn wer hätte vorausgesehen, dass Smog in England und DDT in den USA die Rentiere in Finnland und die Pinguine am Südpol dezimieren und Autoabgase der Ozonschicht ein Loch bescheren würden? Reduktionismus ist gefährlich, weil er einlädt, auch in komplexe Systeme dieser Welt einzugreifen, noch bevor wir sie zureichend verstehen.

## Ist Wertfreiheit der Wissenschaft ein Versteck?

Ein ganz anderes Problem verbirgt sich in der Frage, ob Wissenschaft wertfrei sein kann. Wir sind ihr im Zusammenhang mit *Brecht* und *Galilei* schon begegnet; dennoch mag es lohnen, sich ihrer nochmals anzunehmen. Näher besehen, zeigt es sich nämlich, dass sie zwei Seiten hat.

Manch einen mag es wundern zu sehen, wie ein Wissenschaftler seine Zeit mit einer offensichtlich völlig marginalen, vermutlich wertlosen Frage zubringt, und dennoch erwartet, dafür von der Gesellschaft erhalten zu werden. Dennoch ist an solcher Stelle das Postulat der Wertfreiheit nicht zu umgehen. Denn immer wieder fand es sich, dass aus den wunderlichsten Winkeln wichtige Einsichten aufgetreten sind. Aber gerade wenn dem so ist, kann die Wertfreiheit als Versteck dienen; unter Umständen ein Leben lang, unter Hinweis auf jene Goldader, für deren Suche nun schon so viel aufgewendet worden ist.

Im Überblick dagegen kann Wissenschaft nicht wertfrei sein. Und als Wertmaß ist wohl die Frage zu stellen, wie viel eine Wissenschaft an neuen und verlässlichen Einsichten in diese Welt gebracht hat, und zwar Einsichten, die unser Urteilen und Handeln aus einem vertieften Verständnis des Zusammenhangs der Dinge, also auch des Menschen Position in der Welt, glücklicher lenken. Man merkt, dass das schwierig wird. Denn wohin soll gelenkt werden?

Was hieße denn: »die Mühseligkeiten der menschlichen Kreatur zu lindern«? Offenbar geht es um Unbequemlichkeit, dann um Unsicherheit (vor Krankheit und Verlust) und, noch höher, um Unbestimmtheit (des Lebens Sinn). Das ist eine steile Hierarchisierung von Werten, der wir Wissenschaftler in unseren großen Höhen immer weniger zur Seite stehen.

### Vertragen sich Wissenschaft und Ethik?

In einer zweiten Perspektive ähnlicher Art kann man fragen, ob Wissenschaft unseren ethischen Ansichten genügt. Es geht nun um Sittlichkeit und Moral – große Themen der Philosophiegeschichte. Und in ihnen sind Wissenschaft und Gesellschaft noch enger verflochten. Ist also nach der Moral von Gesellschaft und Bürger zu fragen, und steht die der Wissenschaft und der Wissenschaftler nur an besonders sensibler Stelle?

Im Grunde geht es um ein weiteres Dilemma. Kreaturen wie wir, denen es gegeben wurde, nur von der Zerstörung von Leben leben zu können, können lediglich versuchen, den Schaden zu begrenzen. Man erinnert sich an *Lorenz'* Beispiel mit der Reihe von Kreaturen vom Kohlkopf bis zum Äffchen; wer die Abstufung nicht wahrnimmt, ist tatsächlich ein Unmensch.

Im Kleinen sind uns schon Tierversuche ein Gräuel. Aber man nehme an: Ihr Kind wäre nur zu retten, wenn ein Experiment an einem Hund gemacht werden dürfte, bei welchem dieser wahrscheinlich zu Tode kommt; sollte man das Experiment machen? Die Antwort wird nicht schwierig sein, denn es geht um Schadensbegrenzung.

Im Großen sind es die politischen Entscheidungen. Als klar wurde, was die Atombombe anrichten kann, ergab sich die Frage, wo man die erste abwerfen solle. Genügte eine Demonstration auf wenig bewohntem japanischen Gebiet? Aber wie weit waren die Deutschen? Weil gleichzeitig V2-Raketen auf London einschlugen, wurde entschieden: sofort auf eine Großstadt.

Hätte man von der Kernspaltung die Finger lassen sollen und auch vom Tierversuch? Vom einen schon, vom anderen nicht? Ich meine, dass der Wissenschaftler nicht per se moralischer, aber auch nicht per se unmoralischer ist als sein Nachbar »Bürger«, aber er steht an verantwortlicher Stelle.

## Wer braucht und wohin führt Genmanipulation?

Ein Paradefall, weil Tagesdiskussion, sind die zunehmenden Eingriffe ins Erbmaterial; und manch einer fragt sich, was diese Entwicklung antreibt, und wohin sie wohl führt.

Zu den Antrieben zählen zwei, die von gegensätzlicher Art sind. Zunächst die Interessen von Industrien. Umfragen ergeben, dass Hausfrauen am Markt durchaus keinen manipulierten Mais suchen, eher besorgt sind, dass sich ein solcher doch in ihrem Einkaufskorb befände. Es geht um Überlebensbedingungen von Industrien, die zwingen, billiger (sicherer und haltbarer) zu produzieren als der Konkurrent. Und das ist so entscheidend, dass mit großem Aufwand und Insistenz gegen gesetzliche Restriktionen und die Ablehnung des Bürgers angerannt werden muss.

Der zweite Antrieb ist moralischer Art. Wollte man dem Hunger in der Welt begegnen und könnte gen-manipuliert die Getreideernte vergrößern, würde man es tun? Gewiss! Sollte es gelingen, jenes chemische Scherchen zu entwickeln, das es erlaubt, aus dem Genom einer unglücklichen Familie die Anlage zum Mongolismus herauszuschneiden, der häufigsten der geistigen Behinderungen, wird man es tun? Selbstverständlich!

Dann aber finden wir uns schon mitten in den Anlagen des Menschen, und ich prophezeie, dass dieselbe Moral des Menschen, die uns diesen Weg führt, nicht geeignet sein wird, mit den Konsequenzen zurecht zu kommen. Man folge mir nur in den Albtraum jener Staatskommissionen, die dann kommen müssen, um darüber zu entscheiden, was aus menschlichen Anlagen entfernt werden soll. Wo läge denn die Grenze zwischen der Anlage von Krankheit und einer Eigenheit? Zauberlehrlinge, die wir ohnedies schon sind, lernen weitere Zauberlehrlinge an.

### Wer verantwortet Wissen und kumulierte Macht?

In einer dritten Perspektive kann man fragen, wer das Wissen der Wissenschaften verantwortet und die von ihnen kumulierte Macht. Im Grunde sollte hier die Antwort einfach sein: die Gesellschaft. Denn es zählt zu den (karrierebedingt) noblen Vereinbarungen der Wissenschaftler, ihre Entdeckungen allen offen zu legen. Freilich wartet man mit der Veröffentlichung einer kleinen Entdeckung, wenn hinter ihr eine große zu warten scheint. Im Ganzen ist es aber eine Haltung, die zu den besten unserer Kultur gehört.

Was heißt aber nun verantworten? Im Grunde deckt die Wissenschaft nur Möglichkeiten auf. Haben deren Auswertung Industrie und Wirtschaft zu verantworten oder doch der Wissenschaftler, der ihnen gefährliche Möglichkeiten an die Hand gibt? Konnte er die Gefährlichkeit vorhersehen? War die Entwicklung von DDT nicht ein Segen für die Menschheit und zurecht nobeliert? Gewiss! Aber nur, bis sich die Bekämpfung der Folgen des DDT den nächsten Nobelpreis verdiente.

Sicher ist nur, dass die Industrieforschung die Verantwortungen allein trägt. Und wir wissen von ihr schon, dass sie weltweit mehr aufwendet als alle Universitäten zusammen. Nun sind Industrie und Industrieforschung auch nicht von Bösewichten gelenkt, sondern von Menschen wie wir, eingespannt in die Zugzwänge von Erwerb und Markt, und ausgestattet mit weitgehender Unkenntnis der Folge-Folgen der Folgen ihrer Tätigkeit. Ist also die Gesellschaft verantwortlich, welche solche Zugzwänge setzt? Das wird im letzten Teil des Buches zu prüfen sein.

Hier geht es aber noch um die Wissenschaft, von der wir uns eben gefragt haben, wie viel sie eigentlich selbst zu verantworten hat. Schon als von ihrer Entwicklung die Rede war, fanden wir ihre Ursprünge in der Philosophie, und, trotz aller Emanzipation, das Philosophische noch als Indikator für den Wert zusammenfassender Leistungen. Das hat sich geändert. »Philosophy« wurde in den »exakten Naturwissenschaften« ein »dirty word«. Mit dem Ganzen wird im Tagesbetrieb kein Kontakt mehr gewünscht.

Viel davon hängt, wie erinnerlich, mit der Zersplitterung in Sub- und Sub-Sub-Fächer zusammen. Faktenmassen, Notwendigkeit von Spezialisierung, Sprachenzerfall und Rotwelsch fanden wir als Ursachen. Es bleibt aber, neben den Grenzen der Fassungskraft, neben Bequemlichkeit und Schutzbedürfnis, noch ein psychologisches Element, auf das zuletzt nochmals einzugehen ist: Je kleiner das Gebiet, umso mehr entbindet es von der Verantwortung fürs Ganze.

Wenn einer nur mehr für die Erforschung eines seltenen, kurzlebigen Quants, oder den kleinen Teil eines Gens einer Laborpflanze verantwortlich ist, kann er doch weder für die Folgen der Kernspaltung, noch für die der Genmanipulation überhaupt verantwortlich gemacht werden. Ich sage nun nicht, dass sich alle so fühlen. Gewiss aber gilt es wohl für jene Majorität, die schließlich in den Kongressen und Archiven den Ton angibt. Verantwortlich ist die Gesellschaft. Man macht nur seine Arbeit.

Sollte das so sein, und manche meiner besorgten Freunde sind davon überzeugt, dann liegt das mächtigste und gefährlichste Instrument unserer Zivilisation in den Händen eines unübersehbaren Heeres der Verantwortung entbundener Anonymi. Zugegeben: ein Schreckensbild. Aber, wie auch hier zu hoffen bleibt, nur so lange, als man es nicht bedenkt.

*Natürlich wird die Welt heute vom Kapital regiert, von Wirtschaft und Industrie; aber deren Heimsuchung ist erst durch Wissenschaften vorbereitet worden; von der Metallurgie zur Aerodynamik, von der organischen zur Biochemie, und von der Atom- zur Gen-*

*technik. Das ist der mächtige Apparat, der die Veränderungen der Welt erst möglich macht.*
*Aber Wissenschaft steuert sich längst nicht mehr selbst; sie ist zerteilt und kann regiert, von Interessen, Einfluss und Macht gesteuert werden. Die geistigen Höhen, die noch viele Fächer erreichen, werden dagegen belanglos; vergangene Dekoration eines vermeintlichen Ethos. Und dennoch sind es wieder bestimmte Wissenschaften, die das erkennen können. Diesen möge man folgen.*

# Teil 10 Kultur und Gesellschaft

*Hinsichtlich des Differenzierungsgrades ist der Zusammenhang von Kultur und Gesellschaft das Komplexeste, das uns in dieser Welt bekannt ist. Das gilt auch für den Gehalt an Ordnung, dessen Umfang man ahnt, versuchte man, allein die Differenzierung aller Kunst- und Druckwerke der Menschheit und den Konstruktionsaufwand aller Bauten, Maschinen und Geräte zu summieren.*
*Wir haben die Erfahrung gemacht, dass Systeme unter dem Druck neu zu schaffender Erhaltungsbedingungen zu höherer Komplexität gedrängt werden, die Dauer dieser Erhaltungsbedingungen aber in der Regel mit der Differenzierungshöhe sinkt. Nichts, außer Individuen, ist so dynamisch und kurzlebig wie Gesellschaften und deren Kulturen.*

## Was ist Kultur?

Wie man sich wahrscheinlich erinnert, kommt der Begriff von *colere*, »hegen, pflegen, bebauen, ausbilden«, aber auch »tätig verehren«. Er hat als *agricultura* einen ersten, aber schon mit *Cicero*, als *cultura animi*, etwa den heutigen Sinn erhalten, breitete sich von der Freikörperkultur bis zur Bakterienkultur aus, und entfaltet in der Kulturphilosophie ein breites Thema.

In der evolutiven Perspektive, mit der ich hier die Dinge betrachte, kommen die Fragen nach ihrer Notwendigkeit, ihren Funktionen, Strukturen und Problemen in den Vordergrund. Ich gehe von der Ansicht aus, dass jede menschliche Gemeinschaft mit Tradition und einiger Größe Kultur entwickelt. Auch die Wildbeuter-Kulturen hegen, pflegen und verehren Dinge in ihrem Lebensbereich.

Es wird auch richtig sein, dass Sesshaftigkeit, mit den Auflagen der Verteilung von Land, Schutz und der Verteilung von Gütern, der Begründung von Rängen, Recht und Glaubenssätzen, die Entwicklung von Kultur gefördert hat. Und es ist von Interesse, dass alle so genannten Hochkulturen in einem früh angelegten und sehr einheitlichen Satz von Anliegen, Tätigkeiten und Niederschlägen kumulieren, die wir, in unserer europäischen Sprechweise Religion, Wissenschaft und Kunst nennen. Freilich trennt unsere Kultur dabei schärfer als die außereuropäischen, was, wie man sich erinnern wird, mit unserer Art von Sprache und Logik zusammenhängt.

### Kann man Kulturen werten?

Eine andere Frage ist, ob man Kulturen hierarchisch ordnen kann. Die Bezeichnung »Hochkultur«, die das andeutet, ist schon gefallen. Von »Niederkulturen« spricht man zwar nicht, dennoch ist schon eine Wertbarkeit angedeutet. Mit »hoch« oder Höherentwicklung wird man zunächst so etwas wie einen Differenzierungsgrad verstehen, dabei aber eher zivilisatorisch das Technisch-Organisatorische.

Stärke oder Erfolg einer Kultur, wie das oft gedacht wird, würde ich als Maßstab nicht akzeptieren; wiewohl es nicht zu leugnen ist, dass fast immer die stärkeren Kulturen auf die schwächeren gewirkt haben: die griechischen Städte auf das Mediterrane, Rom auf fast ganz Europa, die christliche Mission auf die halbe, und heute, die USA, fast auf die ganze Welt. Im Grunde ist das tragisch. Denn wenn man sich vor Augen hält, was die Ausbreitung und den Erfolg machte, sind es keine höheren Formen der Humanität, sondern blanke wirtschaftliche und militärische Macht.

Den Wert einer Kultur muss man gewiss anders bestimmen. Ich denke, dass man dabei an jene Differenzierung denken sollte, die eine Kultur ihren Mitgliedern für die Entfaltung dessen anbietet, was wir, etwas unbestimmt, als »innere Reife«, als »Weisheit« (gegenüber Wissen) bezeichnen, und als eine Vertiefung von Humanität erleben. Wieder finden wir uns nahe der Metaphysik oder Ideologie. Denn was, konkret, sollte das alles denn sein? Woher sollten die Maße genommen werden? Aus der Entfernung vom Tier, aus Entwicklungsbedingungen, die dem Bau des Menschen eben noch eine Fortentwicklung von Hand, Kehlkopf und Hirn in Aussicht lassen, also von Geschick, Sprache, Verstand und Vernunft? Und dennoch haben wir ein eingeborenes Gefühl dafür, was zum Besseren der Menschheit sein müsste.

# Über die Funktionen

## Woraus und wozu entsteht Kultur?

Organismen sind, physikalisch besehen, Strukturen von hohen Ordnungsgraden, und so kann, will man die Metapher akzeptieren, auch Ordnung aus ihnen ausfließen. Wo immer es die Lebensumstände veranlassen, werden kunstvolle Waben, Netze und Nester gebaut – die Männchen der Laubenvögel füllen ihre Lauben mit was immer sie an glitzerndem Krimskrams finden. Auch unsere Kleinkinder, sich selbst überlassen, können hingebungsvoll Stunden damit verbringen, Hölzchen, Fichtenzapfen und Kiesel in immer neue Ordnungen zu legen.

Sprache, Tradierung, Mythos und die Gruppe werden dies beim frühen Menschen gefördert, Bewegung zum Tanz, Erdfarben zur Körperbemalung geführt haben. Und es ist bekannt, wie früh Höhlen bemalt, Figurinen geformt und Geräte verziert worden sind. Wie all das von Sprache, Magie und Lebensregeln begleitet wurde, lassen schon die Artefakte ahnen; und wir entnehmen auch den verbliebenen Naturvölkern Kanons von erstaunlicher Differenzierung.

Das ist der Punkt. Ich glaube zu verstehen, dass die Grundfunktion von Kultur in der Etablierung von Regeln, Tabus und Selbstverständlichkeiten, und zwar welcher Art auch immer, besteht, die dem Individuum Orientierung geben, Entscheidungen abnehmen, es vor Ratlosigkeit schützen und das Verbindende der Wechselverständigung sichern. Sogar das uns so wichtige Gefühl der Entscheidungs- und Gedankenfreiheit wird dadurch gegeben. Das will ich ausführen.

Jeder Mensch, der einer solchen Orientierung entbehrt, würde sich, in zu vielen der von ihm geforderten Entscheidungen der Ungewissheit preisgegeben fühlen. Er wüsste nicht, wie man einander begegnet, sich zueinander verhält, was man von ihm erwartet, und womit er, in welchen Fällen immer, in der Gruppe zu rechnen hätte. Er müsste sich in uferlosen Grübeleien ergehen, von welchen er ahnt, dass der Erfolg seiner Lösungen höchst ungewiss sein werde. Das Freiheitsgefühl wäre vom Erleben der Belastung verdeckt.

Das ist merkwürdig und empfiehlt Betrachtung; denn Freiheit selbst ist schon ein schillernder Begriff, weil sogleich zu fragen ist: Freiheit wovon? An die Freiheit beispielsweise der Selbstauflösung, daran, sich vom Zwang seines Gehirns oder seiner Atmung zu befreien, wird man nicht gleich denken. Nicht einmal von aller Menschheit wird man sich befreien wollen; von aller Kleidung, allem Gespräch oder Komfort nur gelegentlich. Im Grunde ist es für uns auch kein Freiheitsverlust mehr, im Stadtverkehr auf die Toga zu verzichten, die rechte Hand zu geben und die Suppe mit dem Löffel zu essen.

Man kann Freiheit wie ein uns verfügbares Volumen betrachten: Würde es nirgends begrenzt, breitete es sich beliebig aus und verdünnte sich zur Ungreifbarkeit. Wer sich ungewöhnliche Freiheiten nimmt, nimmt sich diese gewöhnlich in menschlichen Nebensächlichkeiten wie des Haarschnitts oder der Kostümierung, und auch das geschieht wieder abgesichert im Schutze und der Legitimation gleich gesinnter Gruppen. Man erlebt das Produkt selten als gefährdend; eher als komisch.

Damit nähern wir uns dem anderen Extrem unseres Erlebens von Freiheit. Das höchste Freiheitsgefühl finden Massen im »Hurra hinter der Fahne«, in der völligen Unterwerfung unter welche straffe Doktrin einer Bewegung auch immer; am ehesten mit kriegerischen, oder doch umstürzlerischen, Zielen. Man empfindet den Mangel an kritischer Reflexion und den Vorgang selbst nur mehr als gefährdend.

Gibt oder nimmt uns Kultur die Freiheit? Tatsächlich eröffnet sie uns Freiheiten, indem sie uns Freiheiten abnimmt. Das klingt paradox; es unterscheidet sich aber nicht von allem übrigen Pendeln menschlichen Bedürfnisses zwischen Unverwechselbarkeit und Zugehörigkeit, dem Bedürfnis, frei zu denken und doch verstanden zu werden, eben dem nach Freiheit durch Geborgenheit.

## Haben Kulturen mit Stabilisierung zu tun?

Jene Kanons mit ihren kulturellen Tabus, Diffenzierungen und Selbstverständlichkeiten haben gewiss stabilisierende Funktion. Man kann das schon an den kulturellen Umwälzungen und

Revolutionen erkennen. Wenn man erfährt, dass *Michelangelo* in einem ungeheuren Kraftakt die Renaissance überwunden hat, bedarf es doch der feinen Kennerschaft, um den Wandel, den er setzte, überhaupt wahrzunehmen. Philosophen haben wahrgenommen, dass wir geistig alle auf den Schultern von Riesen stehen. Auch die heroischsten Taten erweisen sich als kleine Diskontinuitäten im Strom einer Geistesgeschichte; eine jede noch dazu mit tiefreichenden Wurzeln.

Das hat wohl mit der Fülligkeit kultureller Kanons zu tun, wenn man bedenkt, was der »Zeitgeist« einer Kultur alles an Differenzierung des Sprach-, Stil- und Glaubensgefühls, an Verkehrsart und Autoritätsverteilung enthält. Daher sind Revolutionen nur durch das Maßnehmen an diesen Vorgaben möglich; denn niemand vermöchte eine solche Struktur aus dem Nichts zu entwickeln, geschweige denn, sie in einer Kultur durchzusetzen. Man kann schon der »Revolution der Generationen« entnehmen, wie diese der differenzierten Vorgaben benötigen, um am Einzelnen Kritik üben zu können.

Wechselseitig stabilisieren Kulturen einander kaum. Das Bedürfnis nach Unverwechselbarkeit überwiegt das der Zugehörigkeit. So gering der Unterschied zwischen den Kulturen einzelner Alpentäler, deutschsprachiger Lande oder europäischer Nationen auch im Ganzen sein mag, jede Eigentümlichkeit besitzt Bedeutung.

Unterminiert wird diese Pluralität durch die unterschiedliche Stärke von Kulturen. Davon war schon die Rede. Am augenfälligsten sind es die Kulturen der Naturvölker, die über Missionierung, Forschung und Wirtschaftsinteressen, in Reservate abgedrängt, verkommen; und die gar nicht geschützt werden können, weil sie selbst zunächst auch eine moderne Axt, dann Blue Jeans und schließlich einen Traktor haben wollen. Gefolgt wird dies weltweit vom Verfall der Folklore zum Touristenzirkus; und, so weit das Selbstwertgefühl reicht, von der Bemühung, sich dem zu entziehen.

Wie weit nivelliert sein wird, bis sich, wie man erwartet, Regionalisierung erneut durchsetzt, wissen wir nicht. Dass sie gefördert gehört, ist evident. Differenzierung ist eine Überlebensbedingung komplexer Systeme. Eine uniforme Menschheit wäre nicht nur eine grässliche Vorstellung; sie könnte auch an einem einzigen kulturellen Virus zu Grunde gehen.

### Befriedigen Kulturen unsere Anliegen?

Die wesentlichste Frage bleibt es aber wohl, was Kulturen für uns Menschen leisten. Gewiss bieten sie die Möglichkeit zur Differenzierung; sie sind aus dem Bedürfnis nach Differenzierung entstanden, befriedigen es nun und geben der weiteren Entwicklung dieses Wechselbezugs von Bedürfnis und Befriedigung eine mögliche Struktur.

Und unsere »hohen Werke« stellen gewiss das Differenzierteste dar, was wir in diesem Kosmos bislang kennen gelernt haben; und sollte es in diesem Kosmos darauf ankommen, Differenzierung fortgesetzt weiterzuführen, dann liegen wir im Trend. Wir erinnern uns aber auch daran, dass der Schub zu höherer Differenzierung über neue Erhaltungsbedingungen von Systemen durchgesetzt wird, ohne dass deren Erhaltungszeiten länger werden müssten.

Ob Kulturen neben der Befriedigung jenes Bedürfnisses auch unsere Lebensprobleme lösen, ist eine andere Frage. Vielfach scheinen sie diese ebenso zu schaffen, um sie zu lösen, als auch umgekehrt. Man wird an Lebensqualität, Sicherheit und Bequemlichkeit denken. Aber freilich sind das relative Größen. Denn wer soll sagen, ob es bequemer und sicherer ist, die Milch über die U-Bahn zu besorgen, als zu Fuß vom Nachbarhof?

## Über die Strukturen

### Warum gerade Glaube, Kunst und Wissenschaft?

Schon eingangs war unter den Kulturen ein einheitlicher Satz von Anliegen aufgefallen; bei uns schärfer zerlegt als in Indien oder China. Auch in den vergangenen Kulturen, denen Babylons, Ägyptens, der Maya und Inka, selbst in der griechischen, dem Vorläufer der unseren, waren die Grenzen verwischter. Aber in allen Kulturen haben sich, vielfach unabhängig voneinander, jene drei Gebiete differenziert, die wir heute Glauben, Kunst und Wissenschaft nennen; so, als ob dies dem Menschen vorgegeben gewesen wäre.

Nun sind diese Anliegen für unsere Begriffe auch verschieden. Wir Modernen meinen ja, was unsere Verhandlungen mit der Welt betrifft, zwischen Glauben und Wissen, zwischen dem, was wir zu wissen glauben, beziehungsweise vom Glauben zu wissen meinen, wohl unterscheiden zu können. Und wir stellen diesem Handel mit unserem Schicksal, wie mit unseren physischen Lebensumständen, eine Beschäftigung mit unserer intuitionistischen Welt gegenüber: dem, was wir die Künste nennen.

Seltsamerweise scheinen damit die offenen Themen der Kulturbedürfnisse des Menschen abgedeckt zu sein; wie immer sich auch die Gewichte verschoben haben mögen. Körperbemalung hat sich auf Make-up reduziert, der Tanz als Kunst auf die Kunst des Balletts, die Dominanz der sakralen Kunst wich der profanen, dagegen entwickelten sich Texte, wie die der griechischen Sänger, zu ungeheuren Buchmessen, und die Volksmusik zu gigantischen »Performances«. Auch die »Kunst der Erotik« sei nicht vergessen; das aber ist ein verdecktes Thema.

## Was lenkt unsere Kulturentwicklung?

Die Institutionen dieser drei Säulen unserer Kultur sind verschieden. Am einheitlichsten ist die Glaubensgemeinschaft institutionalisiert – in den Kirchen. Sekten spielen eine geringe Rolle; und Grenzüberschreitungen zur Wissenschaft, wie bei der Scientology, verdienen unser Misstrauen. Die Lenkung unserer Kirchen ist konservativ, weltweit und hierarchisch organisiert, gesteuert von einem alten Text und einer Art weiser Exegeten.

Auch die Wissenschaften findet man zu Universitäten und Forschungsinstituten gebündelt, aber sie verzweigen sich auch weit in die Industrien. Ihre Lenkung war lange von Geistes- und Zeitströmungen abhängig und ist, wie schon festzustellen war, heute von Wirtschafts- und staatlichen Machtinteressen beeinflusst.

Die Künste dagegen besaßen nur Zünfte und Schulen, heute Akademien, sowie Orte, sich darzustellen: zunächst Theater, dann Buchmärkte, Opernhäuser und Konzertsäle, später noch öffentliche Museen, und jüngst zudem Galerien. Gelenkt wurden sie vom Zeitstil, der sich aus der Intuition der Künstler einerseits und dem Geschmack von Auftraggeber und Publikum andererseits entwickelt. Erst seitdem die Bildende Kunst zum Spekulationsobjekt wurde, dominiert ein eskalierender Kreislauf, der aus den Interessen von Kritikern, Medien, Galeristen und Künstlern in sich zurückführt.

Allgemein schätzt man, wenn diese drei Säulen der Kultur das Dach in Einklang tragen und in Eintracht heben; wenn sie, wie in den »großen Epochen«, einander etwas zu sagen haben. Da sind, neben den immer noch konservativen Kirchenkonzilen, vor allem die Künste und Wissenschaften gefragt. Vielfach mögen die Künste die Entwicklung angeführt haben; so, wie die Malerei der Meister des Trecento, oder wie *Giotto* das Lebensgefühl der Renaissance, oder eben *Dostojevskij* die Psychoanalyse vorweg genommen haben mögen.

### Dominiert Zivilisation unsere Kultur?

Diese Tempelsäulen unserer Kultur stehen freilich nicht schwebend und allein. Sie stehen alle auf dem Substrat einer Zivilisation. Denn Kultur beginnt dort, wo das Notwendige der Existenz endet. Sie hat Züge der Luxurierung und entspringt dennoch menschlichem Bedürfnis. Vielleicht ist es überheblich, Kultur über Zivilisation zu stellen; und dennoch bleibt sie ein Überbau über allem materiell Technischen, allem organisatorischen Fundament. Vergeht das Fundament, dann bleiben von Kulturen nur mehr achtbare Fossilien: Pyramiden, Tempel und die Köpfe auf den Osterinseln.

Auch ist Geschichte nicht allein aus den Gedanken unserer Geistesheroen zu verstehen, auch nicht allein aus den Taten von Heerführern und Potentaten, worauf sie die Geschichtsbücher kondensieren. Es ist längst erkannt, dass Geschichtsverständnis »von oben« durch eine »Geschichte von unten« ergänzt werden muss: aus dem Lebensgefühl und dem Weltbild des »kleinen Mannes«, wie er, in grauen Heeren das wahre Substrat aller Geschichte macht. »Wenn man erfährt«, witzelt *Brecht*, »dass *Alexander* Indien erobert hat, muss man wohl annehmen, dass er wenigstens seinen Koch mitgehabt hat.« Und er hat nicht nur seinen Koch mitgehabt, vielmehr eine Volksbewegung aller Griechen, den Erbfeind zu vertreiben: die Perser.

Freilich wissen wir wenig vom »privaten Leben« der kleinen Leute, und umso weniger, je kleiner und privater es war.

Natürlich wird dieses auch manipuliert: von Strömungen des Glaubens, des Stils und der Mächte dahingeführt. Aber Glauben, Stil und Macht strömen nicht; sie bedürfen der Strömungen. Wir alle schieben, wie wir geschoben werden. Es sind synergetische, systemische Effekte mit der Schaffung neuer Qualitäten, in deren Konstituenten auch nicht mehr zu finden ist als die Ausstattung unserer menschlichen Kreatur.

## Schaffen Gesellschaft und Kultur Lebensqualität?

Nun kann man ja wohl erwarten, dass an der Basis dieser Antriebe eine Erhöhung der Lebensqualität stehen wird. Manch ein trübes, getretenes Leben rechtfertigt sein opfervolles Dasein, »damit es den Kindern einmal besser gehe«. Aber was ist Lebensqualität?

Die Frage wurde schon einige Male berührt. Nehmen wir uns aber noch ihren Kern vor Augen. Lebensqualität ist eine relative Größe. Erstens ist sie situationsabhängig. Als Soldat in die Deutsche Wehrmacht rekrutiert, entdeckte ich, dass schon etwas zu essen und einen Platz zum Schlafen zu finden, das Gefühl von Lebensqualität heben konnte. Zweitens wird sie von der Lebensqualität der Nachbarn bestimmt. In Santa Barbara ist ein Armer wirklich arm; in Neapel kann er König seiner Gasse sein. Und natürlich hängt Lebensqualität auch mit Prosperität zusammen; aber auch das in seltsamen Grenzen.

Um das zu untersuchen, haben wir einmal an einhundert Gemeinden in Österreich einen detaillierten Fragebogen geschickt: Wie ist die Qualität des Wassers, der Luft, das Grün vor dem Fenster, wie steht es mit Lärm, Unrat und gestörter Sicherheit (fürchten sich Frauen nachts im Städtchen), mit Kindergärten, Geselligkeit und Erholungsgebieten? Eine Frage dazwischen: Durchschnittseinkommen der Bevölkerung. Ergebnis: leicht negative Korrelation; je mehr man verdient, umso mieser das Milieu.

Heute wissen wir Bescheid: Lebensqualität steigt mit Prosperität; aber nur bis zu einem bestimmbaren Punkt. Dann steigt nur mehr die Prosperität. Und die Lebensqualität kann wieder sinken.

Hand aufs Herz: Wo erhoffen wir Entspannung und hohe Lebensqualität? Im Urlaub. Und den verbringen wir weder in Industriezentren noch zwischen den Türmen von Banken und Versicherungen; vielmehr in Gebieten »heiler Welt«, unzerstörter Natur, unter Menschen bescheidener Einkommen, die nachgerade zum Müßiggang einladen. Monatelang sind wir bereit, Pferch und Fron hinzunehmen, um uns für zwei, drei Wochen im Jahr das Milieu unserer Wünsche zu verdienen. Wer hat uns dazu gebracht? Auch der Nachbar?

## Über die Probleme

### Woher stammen die Paradigmen unserer Gesellschaft?

Viele Probleme unserer Gesellschaft wurzeln in unserer Ausstattung, die, wie Possessivität und Rangstreben, nicht vermeidbar scheinen. Sie wurzeln aber auch in Auflagen, für die wir, nach den Zwängen der Massengesellschaft, nicht vorbereitet sind. Verflechten sich beide Bedingungen, dann sind diese Probleme am drückendsten etabliert.

Hierarchie, so bedauerlich das ist, fanden wir als eine unvermeidbare Struktur. In der Horde war sie noch übersichtlich. Man erinnert sich an den Zusammenhang von Rang und Risiko und an die Folgen der Anonymität. In Kulturen türmt sie sich beträchtlich auf. Und die Frage, wie sich die höchsten Ränge und deren Selbstwertgefühl rechtfertige, beschäftigt die ganze Kulturgeschichte.

Die Griechen waren in der Sache unprätentiös: Diktatur, Oligarchie oder Demokratie. Man dachte sogar an einen Kreislauf; denn wenn die Demokratie wieder ins Chaos trieb, dann, besser, wieder die Tyrannis. Nicht so die Nachbarn. Schon die Pharaonen legitimierten ihre Ränge aus himmlischen Sphären; davon war schon die Rede, und das Konzept eines Herrschertums »von Gottes Gnaden« hat sich bis in die Neuzeit erhalten. Woher, wenn nicht von dort, könnte das Recht, Recht zu sprechen, in verbindlicherer Weise stammen?

»Kaiser, König, Edelmann, Bürger, Bauer, Bettelmann« kenne ich noch als Auszählreim aus meiner Kinderzeit. Ob Zünfte oder Stände, »white- or blue-collar«, irgendeine Gliederung muss sein; und, menschengemacht wie sie ist, strukturiert sie sich zeitgebunden aus einem Geflecht aus Einsicht,

Machtverteilung, Pragmatik und Erträglichkeit zu irgendwelchen, vermeintlichen, Selbstverständlichkeiten. Auch in der Frage, was dem Kaiser und dem Papst zu geben wäre, wurde man sich einig. Und das, was man staatsmännisch nennt, entstammt einem ebensolchen, wenn auch schon übernationalen, daher unbestimmten Geflecht. So fragt man sich schließlich, wie denn auch unsere Republiken und Demokratien in solch unbestimmter Paradigmatik dahintreiben.

## Was sichert den Kulturen Stabilität?

Neben jener Unbestimmtheit haben sich wenige höchst bestimmte Strukturen über unsere ganze Kulturgeschichte erhalten. Will man bedenken, was den Kulturen Stabilität brachte, dann sind solche Strukturen zu unterscheiden, die Stabilität brachten, von solchen, die sie bringen sollten. Effektiv, und auch legitim, waren Sprachgrenzen und die mit ihnen verbundenen Übergänge von Kultus und Lebensgefühl; seltener die Vernunft. Die Geografie der Verknüpfung von Ehebünden aus französischen und deutschen grenznahen Städten zeigt, dass die Franzosen doch wieder nach Frankreich, die Deutschen nach Deutschland heirateten.

Was Sicherheit bringen sollte, war dagegen erstens Expansion – die Grenzen des Feindlichen hinauszuschieben, oder einfach Macht auszubreiten, also Landraub. Persien, Rom, das Heilige Römische Reich Deutscher Nation, die Österreichische Monarchie, die Kolonialmächte wuchsen alle zu kranken Riesen. In der Neuzeit sollten zudem Bündnisse Sicherheit bringen; und wo immer Macht zu kumulieren drohte, wurde sie von Staatenbünden, so gut es ging, umzingelt. Und Orte »politischen Vakuums« wurden sofort absorbiert, weil die Einladung zur Plünderung offenbar für jeden Nachbarn selbstverständlich war.

Heute, so sagen mir Kenner, ist die Ausfärbung der Länder auf unseren politischen Globen bedeutungslos; fast eine Irreführung. In der Realität müssten die Relationen der Macht über Kapitalflüsse dargestellt werden, ähnlich jenen Weltkarten, welche uns die sich verzweigenden Bahnen von Mengen an Erdöl zeigen, die über die Ozeane geschleppt werden. Aber solche Globen der Kapitalflüsse kann man nicht haben, weil die Ströme alle paar Monate anders aussähen.

So wollen wir weiter auf unsere Sprachen hoffen, und die Fülle an Kultur, die sie versammelt haben.

## Werden wir Menschen zu teuer?

Zu den stabilen Strukturen unserer Gesellschaft zählt auch ihre Zweiteilung, von der schon im Zusammenhang mit Wertschöpfung die Rede war. Man erinnert sich an die Teilung in Freie/Sklaven, Lehnsherren/Leibeigene und Arbeitgeber/Arbeitnehmer, die unsere gesamte Geschichte begleitet. Offenbar ein ebenso probates Mittel wie ein archaisches Erbe.

Nun hat man den Eindruck, dass für den Gedanken, dass jeder Mensch das Recht auf Wertschöpfung haben müsste, nicht nochmals die Lanze gebrochen zu werden braucht. Aber wir Menschen werden zu teuer! Wo immer möglich, finden wir unsere Wirtschaft gedrängt, uns Menschen ganz, oder doch durch »billigere Menschen« zu ersetzen. Drei Techniken sind im Schwange: Zentralisierung, Automatisierung und Globalisierung.

Schon regional werden Hundertschaften kleiner Kaufleute durch Großmärkte ersetzt, Hundertschaften von bäuerlichen Wirtschaften durch die zentralisierte Agrar- und Lebensmittel-Industrie. Ein Heer von Arbeitslosen ist geschaffen. Zu hunderten sind auch die Orte der Kommunikation verschwunden; beim Kaufmann hörte man noch, dass die alte Frau Marie von Nummer 14 schon Tage nicht mehr gekommen war, und sogleich machten sich einige auf den Weg, um nach ihr zu sehen. Heute findet sie sich in einem Alters- oder Sterbesilo, oder sie stirbt allein. Wir zahlen dafür nur an anderen Orten.

Auch Automaten sind billiger. In unserem Alltag stehen wir wohl nur gelegentlich vor einem streikenden Bankomaten, einer Benzinpumpe, die nicht funktioniert, einer Garagen-Schranke, die uns nicht hinauslässt, und stets ohne die Hilfe eines jeweils kompetenten Menschen. Hinter den Mauern der Industrien aber leeren sich die Werkhallen ganz. Roboterarme greifen herum, Wägelchen schnurren ferngesteuert durch die Gänge. Die Zahl der Arbeitslosen wächst weiter. Bloß untergeordnete Dienste bleiben erhalten. Man sagte mir, dass es nur mehr wenige Ingenieure in Europa gibt, die einen

Eiskasten zu verbessern vermögen, aber tausende, die Eiskästen ausliefern, die man jedoch, wenn sie anfingen zu rinnen, auf den Müll fahre. Der Ausbildungsgrad wächst zu menschenverachtenden Unterschieden.

Und wenn schon Menschen unvermeidlich sind, dann schafft Globalisierung billigere. Reiche Länder pressen ärmeren die Industrien ab und verlagern sie in die ärmsten. Wieder fließen Arbeitsplätze ab; nun von jenen, die etwas aufbauten, zu solchen, denen es nur ums Einkommen geht. Wie soll das enden? Bei einer weltweiten Gleichheit der Einkommen? Man stelle sich vor, was bis dahin noch an Erdrückendem geschehen muss.

Freilich entstanden ja zum Schutz Gewerkschaften. Aber ihre Ohnmacht nimmt in der besprochenen Reihe zu. Gegenüber der Globalisierung ist sie vollständig. Es sei denn, eine Weltgewerkschaft entstünde. Und in dieser sollte Bangladesch die Österreicher vor dem Ruin retten, und China die Amerikaner? Was für eine Utopie.

Es ist zu raten, ein Wirtschaftskonzept, das für die Wirtschaft gemacht ist, durch eines für den Menschen zu ersetzen.

## Was unterscheidet Patrioten von Terroristen?

Stabil ist in unserer Gesellschaft auch die Auseinandersetzung über die Frage geblieben, was oder wer zwischen Patrioten und Terroristen unterscheidet. Ich denke, dass das von der Frage abhängen müsste, was oder wer darüber entscheidet, was unter *patria*, einer Heimat, zu verstehen ist. Und das ist wohl wieder aus der Geschlossenheit eines Ethnos zu verstehen; aus einem Zusammenhang von Sprache, Religion, Geschichte und Kulturgefühl.

Zivilisierte Nationen haben begonnen, auf den blanken Landraub zu verzichten; aber was die vorliegende Frage betrifft, haben auch diese noch nicht das Verhandeln gelernt. Immer noch überlässt man der blanken Waffe die Entscheidungen; also der stärker gerüsteten Mehrheit. Ob Basken, Iren oder Kosovo-Albaner, es werden jahre-, jahrzehntelange Kämpfe geliefert, und etwas ferner von Europa die Kurden in einem Völkermord zerrieben. Und wir staunen über die Nachrichten. Man wird sich erinnern, dass ich auf die negative Korrelation zwischen Verantwortungsumfang und Verantwortungsempfinden aufmerksam machte. Und was dort noch als eine kühle Konstruktion wirken mochte, zeigt sich hier in seinem blutigen Ernst.

Ich denke, dass man Einsichten solcher Art früh in den Schulen unterrichten sollte; denn auch Staaten und den von ihnen abhängigen Lenkern ist nicht zu trauen. Nur was in der Einsicht einer Bevölkerung eine Mehrheit bildet, ist in unseren Demokratien, dann aber sofort, durchsetzbar.

### Ist Wachstum noch zu steuern?

Von ganz anderer Wirkung, aber ähnlich in den Strukturmängeln der Verantwortlichkeit, ist das Phänomen des Wachstums. Nicht nur explodieren die Bevölkerungszahlen in der Dritten Welt, aus uns selbst ist eine Industriegesellschaft geworden, die nur mehr vom Wachsen der Ansprüche leben kann.

Freilich steht wieder unsere Ausstattung im Hintergrund, mit den Bedürfnissen nach Besitz, Sicherheit und Rang. Aber darüber hat unsere Zivilisation antreibende Systeme etabliert: Geld, Spekulation, Zins, Werbung und die zunehmende Beanspruchung von Fremdenergie (wie fossile Brennstoffe und Kernenergie), sowie treibende Institutionen – in einer ersten Ebene Industrie, Management, Verkehr und Wirtschaft, in einer zweiten Politik und Kapital.

Allgemein wird zur Systemerhaltung ein Wachstum von 5 % angestrebt und eine einfache Rechnung ergibt, dass das in 15, 30 und 45 Jahren, also schon in gut einer Generation, eine Verdoppelung, Vervierfachung und Verachtfachung aller Aufwände bedeuten muss: an Material- und Energieverschleiß, verbetonierter Fläche und der Störung von Böden, Wasser, Vegetation und Atmosphäre. So kann das nicht gehen. Freilich bemüht man sich, Emissionen zu drosseln und mit Ressourcen sparsamer umzugehen. Aber freilich macht das keine 5 % pro Jahr.

Wenn man aber Politikern sagt, dass Systeme, die nur vom Wachsen leben können, allein an ihrem Wachstum zu Grunde gehen müssen, wird einem geantwortet: aber 5% muss sein.

Nun sind das ja keine Bösewichte, sondern sie stecken in den Zugzwängen nationaler und internationaler Abhängigkeiten; ebenso wie unsere Industrie und Wirtschaft, die sich nur mehr von der Erfindung und Durchsetzung neuer Bedürfnisse erhalten kann. Das Ganze ist zunächst am Zins festgemacht. Die systembedingte Wachstumsrate entspricht etwa der Mitte aus Soll- und Habenzinsen.

Kann also gegengesteuert werden? Damit befasst sich unser »Club of Vienna«. Kann man den Zins schrittweise abschaffen? Vielfach ist er ja unmoralisch. Schon *Aristoteles* wusste, dass man für die Ausgabe einer Armensuppe nicht demnächst zwei Armensuppen zurückverlangen kann, und die Kirche hat jahrhundertelang gegen die Unmoral des Zinses gekämpft. Kann man die Weltwirtschaft belehren? Wahrscheinlich auch nicht. Aber vielleicht kann Autonomie helfen; in dem Sinne, dass wenigstens lokal von Zugzwängen befreite Vernunft entstehen kann.

Noch mehr ist vielleicht auf den Bürger zu setzen, wenn er erkennt, woraus Lebensqualität, auch für seine Kinder und Enkel, in Wirklichkeit besteht. Denn wofür immer sich eine Mehrheit andeutet, ist diese politisch eben auch sogleich durchzusetzen.

## Ist dem Liberalismus zu trauen oder dem Kollektiv?

Das Thema lenkt in die Gesellschaftstheorien. Wenn ich recht sehe, haben zwei überlebt: der Marxismus, der durch Formen der Sozialdemokratie humanisiert wird, und der Kapitalismus, den man durch irgendwelche Formen der Umverteilung zu humanisieren trachtet.

Schon diese Formen der Adaptierung zeigen, dass beide Ansätze die Beziehung zwischen Mensch und Gesellschaft nicht erfassen. Beide gehen von einer linearen Kausalität aus. Der Kollektivismus trachtet die Gesellschaft zu fördern und schadet dem Individuum. Er nimmt dem Einzelnen das Motiv für initiative Wertschöpfung. Der Liberalismus trachtet das Individuum zu fördern und schadet der Gesellschaft. Ihr gegenüber entbindet er das Individuum des Verantwortungsgefühls.

Der Ansatz beider Theorien liegt ein Jahrhundert zurück, und in dieser Zeitspanne haben wir ja wohl dazugelernt. Systemtheorie, Spieltheorie, Katastrophentheorie sind entstanden, die Evolutionstheorie wurde sogar vom Papst anerkannt. Heute redet alles von Systemen, und Einsichten in diese haben uns gelehrt, dass in allen komplexen Systemen rekursive Kausalität, Wechselbezüge der Ursachen, vorliegen. Und wir haben gelernt, dass Systeme zum Überleben mehr Ordnung erzeugen müssen, als sie beanspruchen dürfen.

Wäre es nicht an der Zeit, sich von den alten Zöpfen zu befreien und eine Systemtheorie der Gesellschaft zu entwickeln? Es gibt längst keine freien Individuen ohne Gesellschaft mehr und keine Gesellschaft ohne freie Individuen. Und es liegt wohl auf der Hand, dass die Wohlfahrt der Individuen auf Dauer mit jener der Gesellschaft verknüpft sein muss, ebenso wie umgekehrt.

Genügt hier eine Häufung an Expertise? Kann es Objektivität geben? Kann man errechnen, wie viel man den Erfolgreichen wegnehmen darf, bevor man damit beginnt, auch den Erfolglosen zu schaden? Kann an ein Junktim zwischen Wertschöpfung und Ansprüchen des Individuums gedacht werden? Oder bedarf es doch wieder der Ideologien, irgendwelcher unbegründbarer Qualitätsannahmen? Nähern wir uns wieder der Metaphysik?

Solchen Gedanken zu folgen scheint mir wertvoller als jenem Zank zwischen den rechten und linken Reichshälften; denn aus zwei falschen Theorien war noch nie eine richtige zu machen.

## Was legitimiert heute das Recht des Souveräns?

Einige der Positionen, die eine Gesellschaft einnehmen muss, sind von besonderer Sensibilität. Kommen wir nochmals auf die Frage zurück, was ihre Rechtsprechung legitimiert. Wie man sich erinnert, waren schon die Pharaonen der Ansicht, diese Rechte von den Göttern zu beziehen, zumal sie sich selbst Göttlichkeit zudachten. Daraus hat sich wenigstens unser »Kaisertum von Gottes Gnaden« erhalten. Nun sind wir Bürger selbst der Souverän; wer oder was legitimiert nun die Rechtsprechung?

Kann man sich auf unsere Ausstattung, gewissermaßen auf Universalien menschlichen Rechtsempfindens, verlassen? In einem elementaren Sinne scheint das tatsächlich so zu sein. In fast allen Gesetzbüchern findet man jene Grundsätze, die man als »Rechtsgüter-Ordnung« bezeichnet. Sie geben eine Hierarchie vor: Leben vor Gesundheit sowie Gesundheit vor

Besitz. Damit wird erwartet, dass man seine Gesundheit aufs Spiel setzt, wenn es darum geht, ein Leben zu retten, sowie materielle Aufwändungen nicht zu scheuen, um einen Mitmenschen vor Krankheit zu bewahren. Das klingt nicht nur höchst human, es ist fast noch aus den Bedingungen der Arterhaltung zu verstehen.

Aber schon drängen sich Fragen auf. Ist denn die Erhaltung der Art vor die des Individuums zu stellen? Seitdem die Individuen unserer Spezies mit hellem Bewusstsein versehen sind, bedarf schon das der Überlegung. Kann weiter an der Natur des Menschen Maß genommen werden? Könnte ein »evolutives Recht« formuliert werden? Der Begriff des »Naturrechts« wäre irreführend, weil dieses als von Gott gegeben gedacht ist. Soll jede Nation das Recht haben, ihr eigenes Recht zu setzen? Wenn man an Völkerrecht denkt, und noch mehr an die Auseinandersetzung um die Abstimmung der Menschenrechte, muss das fraglich erscheinen. Und kann ein Verbrechen so schwer sein, dass wir legitimiert sein könnten, den Rechtsbrecher zu töten? Auch das erscheint höchst fraglich.

Ich sagte schon zu Anfang, dass wir denkenden Menschen um Metaphysik nicht herumkommen. Das war der Grund, mit ihr zu beginnen; und wir haben Ursache genug, zu ihr zurückzukehren. Es scheint mir aussichtsreich, darüber nachzudenken, ob nicht in den Gesetzen der Evolution noch eine Hilfestellung gefunden werden könnte. Aber selbst wenn das so wäre, müssten wir doch in manchem eine neue Stellung beziehen; eine Stellung, die jenseits des uns Erfahrbaren liegen muss. Freilich geht es um Humanität. Aber wer ist legitimiert, festzulegen, was das ist?

Das soll nicht heißen, dass wir letztendlich ratlos bleiben müssen; vielmehr, dass sich hier der Kreis schließt, ein Reigen von schrittweise verstandenen Zusammenhängen, über welche wir versuchen, die Welt, und uns in ihr, zu verstehen.

*Die Inhalte ihrer Kultur zählt eine Gesellschaft zu ihren höchsten Gütern; und das wohl aus gutem Grund, bedenkt man die Aufwände der Generationen, wie die Bildungsfunktionen, die sie trägt. Noch verfügt unser Globus über eine Differenzierung der Kulturen, was sie, zu unserem Glück, noch relativieren lässt. Anders steht es mit den Überschwemmungen, welche die wirtschaft-*

*lich und militärisch jeweils stärkeren Kulturen angerichtet haben und immer noch anrichten. Man lasse sich darum den Blick auf die Werte von Kulturen nicht trüben; und auch nicht auf die metaphysischen Konstrukte, welchen sie sich nicht entwinden können – ebenso wenig wie unsere ganze evolutionäre Betrachtung.*
*Wir kommen zum Anfang unserer Themen zurück. Der Kreis schließt sich. Soll das Schiffchen unseres Weltbilds ausgebaut werden, muss das eben auf hoher See erfolgen; kein Hafen erwartet uns. Nichts, in der Entwicklung dieser Welt, ist für sich allein zu verstehen.*

Die Deutsche Bibliothek – CIP-Einheitsaufnahme
Ein Titeldatensatz für diese Publikation ist bei
Der Deutschen Bibliothek erhältlich.

1 2 3 4 5 04 03 02 01 00


Ein Unternehmen der Dornier Medienholding GmbH
Postfach 80 06 69, 70506 Stuttgart, Tel: 07 11 / 78 80 30
Sie erreichen uns rund um die Uhr unter www.kreuzverlag.de
Umschlagbild: Inmitten der Koordinaten – Figur und
Raumlineatur. Nach einer Zeichnung von Oskar Schlemmer
(Rechtsinhaber unbekannt).
Umschlaggestaltung: Atelier Reichert, Stuttgart
Satz: de·te·pe, Aalen
Druck und Bindung: GGP Media GmbH

Die Schreibweise entspricht den Regeln
der neuen Rechtschreibung.

ISBN 3 7831 1852 2